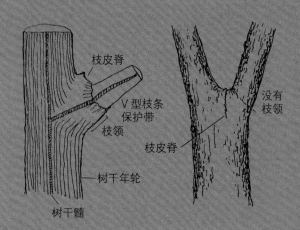

枝皮脊

V 型枝条
保护带

枝领

树干年轮

树干髓

枝皮脊

没有
枝领

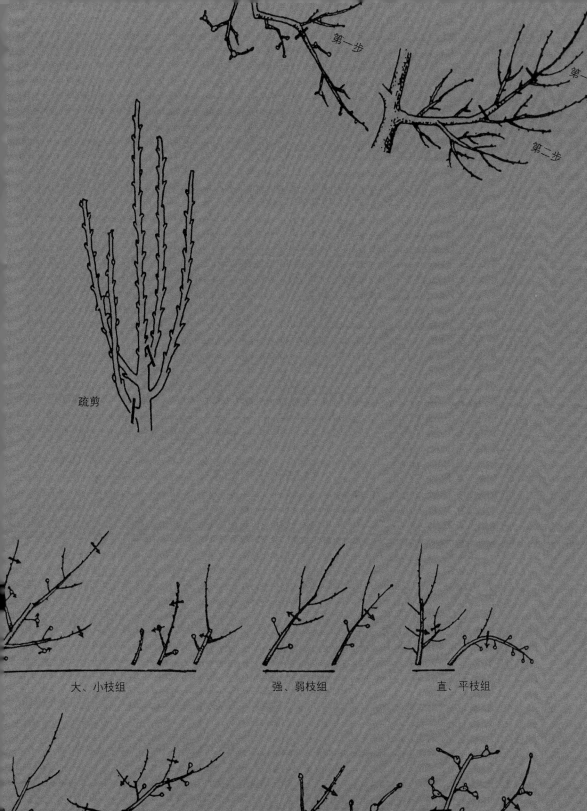

第一步

第一步

第二步

疏剪

大、小枝组   强、弱枝组   直、平枝组

幼、老枝组

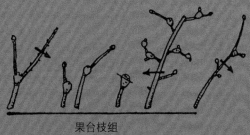

果台枝组

编委会

主编：北京市天坛公园管理处
执行主编：祁润身
参编人员：刘育俭　李连红　王振宇

北方常见园林树木修剪技术

北京市天坛公园管理处 编著

中国建筑工业出版社

图书在版编目（CIP）数据

北方常见园林树木修剪技术/北京市天坛公园管理
处编著.—北京：中国建筑工业出版社，2022.12
ISBN 978-7-112-28198-5

Ⅰ.①北… Ⅱ.①北… Ⅲ.①园林树木—修剪 Ⅳ.
① S680.5

中国版本图书馆CIP数据核字（2022）第221965号

责任编辑：杜 洁 兰丽婷
责任校对：芦欣甜

北方常见园林树木修剪技术

北京市天坛公园管理处 编著
*
中国建筑工业出版社出版、发行（北京海淀三里河路9号）
各地新华书店、建筑书店经销
北京海视强森文化传媒有限公司制版
天津图文方嘉印刷有限公司印刷
*
开本：787毫米×1092毫米 1/16 印张：13¼ 字数：258千字
2023年3月第一版 2023年3月第一次印刷
定价：**145.00**元
ISBN 978-7-112-28198-5
　（40653）

序

树木的整形修剪在城市建设与园林管理上有着重要的地位。而且随着城市和园林事业的发展更显得越来越重要。

整形修剪是通过对树木枝干的截、疏、缩、放、伤等多种措施，人为地对树木枝干的生长进行干预，从而使树势健壮，早日达到所需要的树形，使树木枝干分布均衡合理，树体通风透光，减少病虫滋生，同时也可以调节开花结果。此外还可通过整形修剪创造出具有特殊观赏价值的"造型树"，以及调整花期、延缓衰老，起到复壮古树和减少特殊灾害（风、雷、冻）的作用。

园林树木有数百种之多，有不同生态习性，栽植的地区、功能（行道、庭荫、孤植）、位置、土壤均有不同，所以整形修剪的目的、方法亦有侧重，不能统一对待，也不适借用山地用材林、生态林的修剪方法，亦不适合果木生产的技术。必须根据树种、树龄、园林功能以及不同季节、生长环境等综合条件进行。

本书除对园林树木整形和修剪的关系、意义、目的、方法做深入阐述外，以北方地区常见的 30 余种不同类型的树木为代表做剖析，逐个介绍其生长分枝习性与常见病虫害，并就其栽植功能、树龄和不同季节的修剪方法以及修剪后树木的反应进行介绍。同时对修剪中常出现的错误做法及不良后果也一一说明、提示。

祁润身先生（副教授高工）从事园林树木管理几十余年，尤长于树木修剪及病虫防治，成果丰硕，有多个课题成果获北京市级科技奖项，其论文曾两次在国际生态研讨会上交流。国外专家也多次来访与其交流。

此书编写是祁先生几十载经验累积和整理，配以 420 幅照片与绘图（自我绘图与拍照 358 张、借鉴照片与绘图 62 张），图文并茂、形象具体，便于学用和查询。本书适合初学者及园林工作者提高修剪水平，也适于相关园林院校作为参考教材。欢迎读者交流指正。

徐志长

2022 年 10 月

随着我国经济的快速发展，人民的居、衣、食、行逐步得到改善，生活水平大大提高，城市的园林绿化工作就显得更为重要。国家各级政府部门对园林绿化的投资逐年增多，居民小区包括房地产公司也非常重视绿化，对园林养护工作的重视水平也越来越高，管理绿化的员工更是精心投入，其中标志之一就是对园林树木的修剪工作认真细致，几乎是"树树必修，枝枝要剪"。但我们对园林树木的修剪多年来存在着众多不合理的现象，这也有着多种原因。

首先，园林事业是新中国成立后才得到发展的，近代数百年我国历经战乱，人们的生存都有困难，哪里还顾得上园林的建设？中国历朝历代的园林也多为达官贵人等少数人所有，广大人民对园林树木的养护知晓较少，其次，园林树木种类繁杂，生态习性差异很大，不像果园树种较为单一；加之园林树木的设计要求，即使同种树木其观赏目的并不一样，修剪方法自然不同，这就给园林树木的修剪带来种种挑战。再者是近年来具体操作修剪者多为刚从农村进城的务工人员，对园林树木及其修剪要求不甚了解。众多原因使园林树木修剪技术水平需要提高。

笔者认为目前园林树木修剪存在较为突出的问题是——没有形成一个在园林树木修剪工作方面具有权威性的统一规范章程，现在是各个区域、不同单位以各自想法对园林树木进行修剪。比较突出的现象是：①对园林绿地树木按某一种果树模式进行修剪；②把乔木疏剪成一根通直的树杆，以便长成建房用得檩、梁木材；③将花冠木统统修剪成水平顶，以树冠整齐为修剪目标。再者是对修剪的目的与作用认知不够，许多人认为重度修剪可以使树木生长旺盛，却不理会修剪对树木的双重作用，同时还忽略了不同花灌木的开花习性，故而对可以观花的枝条行使年年重度修除。与此相反许多房地产商只为近期效果，不顾树木的成活，对大规格的树木要求全冠移栽，一个枝条不能剪掉。如此种种对园林绿化效果与树木生长带来较大影响。

笔者认为，除非在特殊的环境或是具有特殊要求的情况下，可以人为创造规则造型与几何图案，在广大群众休闲娱乐以及人民生活、工作之处，公园绿地的园林树木修剪应以自然形态为主调。中国园林向来是采用仿照自然而又胜于自然的造园方法，即使我国人工整形的盆景也多是以大自然树形为依托，把其压缩成小型自然景观，用于室内、园中来表现自然风景并借以表达人们的情怀。可见中国人是多么喜欢、欣赏自然景物。实际上中外名川山水、古刹庙寺中的古树名木，大多是自然形成的树姿，而非人工整形；当然不是所有园林树木都不需要整形。

另外在观赏花、果以及某些需要整形的树木修剪工作中，是可以借鉴果农修剪方法的，中国果树修剪技术的精细程度在世界是领先的，当然两者修剪目的不同，园林绿化不能原样照搬果树修剪；但园林绿化与果园管理的都是树木，有的树种还是同科、同属，它们有其共性，特别是在观赏花、果树木上，各种修剪方法在树上的作用反应完全相同。例如：使营养生长与生殖生长相互转换的修剪技术几乎相同。

本文多是以工作实践中的观察、认知写出自己的感受，故而以一些照片为依据来表达自己的某些想法。实践只是认识事物的初期阶段，而且常常会具有局部的片面性：加之本人水平有限，文中难免出现错漏甚至谬误之处，希望诸位读者、同行批评指正。

2022 年 8 月

祁润身

目 录

第三章　北方地区常见园林乔木的修剪

第四章　北方地区常见园林花灌木的修剪

（刘育俭 摄）

第一章

园林树木的基础知识

第一节　园林树木的概念

园林树木通常是指应用在城乡各类公园、绿地、道路、河畔、湖泊以及机关单位、居民宅院和风景、疗养地等区域的各种木本植物。依据其生长习性与形态的不同可分为三大类：乔木、灌木及藤本。它们是现代城市建设中的重要组成部分，可以绿化、美化城市，改善城市的小气候；创造出各种不同特色的景观环境，使人们工作、生活得更为舒适。

园林树木

第二节　园林树木的树体结构及其器官、特性

　　园林树木的树体由根、干、枝、叶、花、果构成，它们是修剪工作中的主要对象，应统一认识树体结构的组织名称以及其在生长发育过程中的功能与特性，以便使修剪工作能够得到预期的效果。现就园林植物中的树木类型与组成器官、形态及其生长、发育习性简述如下。

一、园林树木的常见形态类型及其结构名称

（一）乔木类

　　树体高大，一般在 6 米以上，具明显树干。它可分为大乔、中乔和小乔三个级别。

　　乔木枝干的结构名称：
　　（1）树干——由地面至分枝点处的部分。
　　（2）中央领导干（中干、中心干、主轴）——园林观赏乔木在自然生长发育过程中，其中有一类由分枝点处生长、穿越树冠直达冠顶的枝干，称为中央干也可称中心干。如毛白杨、银杏、松、杉树等。
　　（3）主枝——由中央干上生长出的大枝干，称为主枝。另一类树木在自然生长过程中不能形成中央干，而是从分枝点处生出两个以上的生长势相近的大枝干，称之为多主枝树形，如：槐树、柳树、栾树、元宝枫等。该类树木如作为行道树，其主枝开张角度不要大于 45°，以免影响车辆交通。
　　（4）侧枝——从主枝上分生出的枝干。
　　（5）枝组（可称冠枝组或叫叶幕枝）——可以着生叶片的枝称为枝条，着生多个枝条的枝称为枝组，它们形成大小不同组型，分布在树冠的各个部位。在高大观赏树木上多称为冠枝组，在观花果的树上称花枝组。

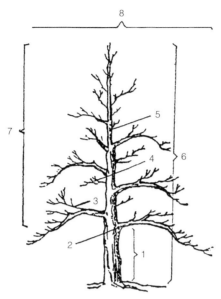

有主轴树体结构
1– 主干；2– 主枝；3– 侧枝；4– 辅养枝；
5– 中央领导干；6– 树高；7– 冠高；
8– 冠幅（图片来源：《园林树木栽植养护学》）

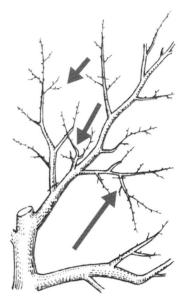

箭头所指称为冠枝组，花果树称为花枝组（图片来源：《北方果树整形修剪》）

元宝枫干性较弱，为多主枝树冠

着生叶片的枝称为冠枝条，着生多个冠枝条的枝称为枝组或花枝组

（二）花灌木类

花灌木大体分为两类树形：

一种是植株冠体矮小，没有树干，自地面丛生数根生长势较为均衡的枝干。如珍珠梅、黄刺玫等。其树体结构有主枝（或称主干），再由主枝上直接生长多个可以开花、长叶的小枝条，可称为冠枝。

另一种是以嫁接繁殖的树木，多在地面上有一段树干，可称为小乔木或有干花木。从分枝点处生数根主枝，再从其上长出不同的枝条或枝组，如碧桃、榆叶梅、海棠等。

自然式园林的花灌木，在修剪过程中一般不强求造形。只要随树种的生长习性，依其自然冠状加以调整，达到树势均衡、通风透光，老枝及时更新、复壮即可。在修剪时一般以截、疏及缩剪为主。

丛生灌木（图片来源：《园林树木栽植养护学》）

用缩剪更新灌木（图片来源：《园林树木栽植养护学》）

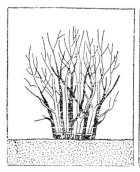
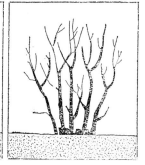
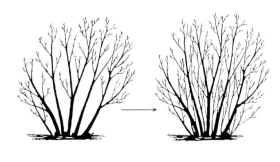

丛生灌木基部更新（图片来源：《花卉及观赏树木修剪》）

灌木基部抹干更新后的新冠形（图片来源：《园林树木栽植养护学》）

榆叶梅有树干开心树形

（三）藤蔓类

能够缠绕或攀附他物生长的木本植物。根据其茎生长特点，可分为缠绕、攀缘、吸附和匍匐四类。该类植物体结构在园林工作中常分为：主蔓与侧蔓；花枝和营养枝（生长枝）。藤蔓类修剪不为本书内容。

二、园林树木枝、干的生长特性

（一）树木生长的干性

干性是指树木中心干自然生长强或弱的特性。中心干生长势强、寿命较长的树，称为干性强。相反中心干生长势弱，寿命较短的，称为干性弱。园林树木根据干性可分为两类：一类是有主轴、有中心干的树，其中心干生长势最强，树体生长高、大，特别表现在幼、中、壮年树上，称为干性强。如松、杉、银杏、毛白杨、黑杨等，此类树木在修剪时要保护中心干的优势，不要重度短截。另一类是没有中心干的树木，就是说中心干没有明显的生长优势，只能形成多主枝，甚至形成丛生枝干；或是有中心干，但生长比较弱，称为干性弱。如碧桃、栾树、馒头柳、千头椿等。

干性的强弱常与树木的顶端优势密不可分，所谓干性的强与弱，是相对而言，杨树的干性比柳树强，乔木比灌木干性强等，即使是同一种树，不同品种的干性也多有不同。另外，随着树龄的增长，干性的强弱也有一定变化。

黑杨（有中心干）　　梓树（有中心干）　　　　　　　无中心干的垂柳的自然树形

掌握了解树木的干性，对树木整形修剪很重要，不同的干性，要修剪为不同的树形。如干性强的树形多为圆柱形、圆锥形、尖塔形等；干性弱的树整形常为圆头形、自然开心形等。

（二）树冠的层形性

树木枝干在树冠中成层状着生、分布的特性，称为层形性。层形性与其顶端优势和成枝率有很大关系，一般是顶端优势强而成枝率较低的树种或在自然生长过程中，只有枝条上端的侧芽才可以萌发形成长枝的树，容易形成明显的层形。特别是在幼年、壮年时期，树木的枝干多呈一层层的分布。这种树形较为适宜树木自身的通风、透光。如：松树类、南洋杉以及幼、壮年时期的银杏雌株都有明显的层形。

整形修剪时对大型树木不能自然形成层形的树冠，常人为让骨干枝成层形分布，以利于冠膛内通风透光，同时还可以减少风雨等自然灾害。北方地区的大乔木人为层间距最好在 80 ～ 120 厘米。

银杏树冠的层形性　　　　雪松树的层形性

油松层形树冠　　　　华山松为有中干的层形　云杉层形树冠
　　　　　　　　　　　树冠

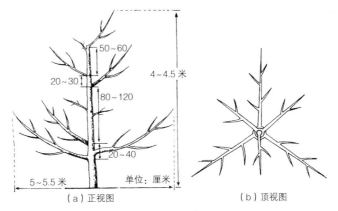

人为层形树木（图片来源：《北方果树》）

（三）树木的顶端优势（生长极性）

顶端优势是指树冠上部枝条以及枝条顶部的枝、芽生长势强的现象。树冠顶部、外围枝条过于密集强壮可能会导致冠膛内部枝条细弱，甚至枯死，这也是修剪者常常应对的事项。

（四）直立枝干生长优势

直立的或生长角度小的枝、干，其生长势比角度大的枝、干强旺。例如中心干的生长势强于主枝，主枝强于侧枝；背上枝强于侧生、下垂枝。

上述（三）（四）枝干生长习性，绝大多数树木都具有其特点，但随树种不同而有所差异，了解掌握树木的这些习性对整形修剪者极为重要。

三、树木枝条的分类、名称及性能

枝条是形成树体骨架和花枝组的基础，是树冠的主要组成部分；枝条是树木整形修剪时的主要剪截对象。由于枝条生长部位、方向的不同而生成各种类型的枝条，不同类型的枝条对修剪又具有不同的反应。为使修剪效果符合人们的意愿，常常需要根据枝条的类型来决定修剪的方法与"火候"。依照园林树木修剪需要，大体作如下划分：

（一）按枝条的性能、用途分

1. 领导枝

指树冠各级骨干枝，它是带领其身上的枝群或枝条向某一方位、空间生长的枝，称为该枝干的领导枝。领导枝顶端生长势最强，称其为领导头。树木修剪时要保持领导枝的优势，否则树冠就会紊乱。另外树冠的同级主枝或同级侧枝应当保持均衡的生长势。

2. 辅养枝

辅养枝是指对树木有辅助生长作用的枝条，由一年生和多年生的枝条形成。它不是永久性的枝，在整形修剪完成之前较多留用，当整形完成后就将去除或根据冠膛内空间大小逐年回缩改造为冠枝组。

3. 花果枝

泛指可以开花结果的枝条，枝上着生有花芽。花果枝按其长短可分为：

（1）长花枝：一般长度在 40 厘米以上的花枝。

（2）中花枝：一般长度在 10 ~ 40 厘米的花枝。

（3）短花枝：一般长度在 10 厘米以下的花枝。

（4）花束状枝：指长度在 1 厘米以下的花枝。某些树种花束状枝比中花枝开的花还要好。

以上按枝的长度划分的方法，在不同的树种上以及不同的地区、人员上习惯各有所不同。实际工作中无需去找准确的标准，只是修剪者心中应有这个概念。

4. 营养枝（发育枝）

多为粗壮、着生叶片大而厚，有较强的光合能力的枝条。可以供给树体其他部位营养所需。营养枝是树体中主要的枝条，在修剪工作中是重点培养、利用的对象。

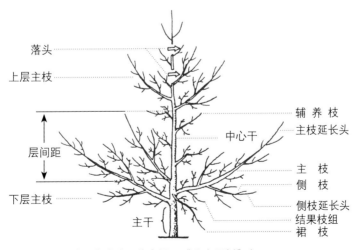

花果树主要枝干名称（图片来源：《北方果树》）

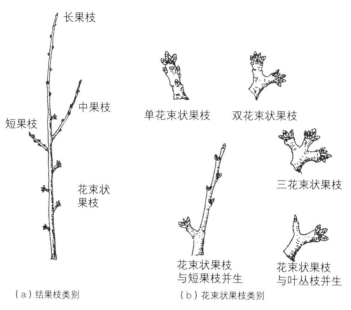

（a）结果枝类别
（b）花束状果枝类别

花果树枝芽的类型（图片来源：《北方果树》）

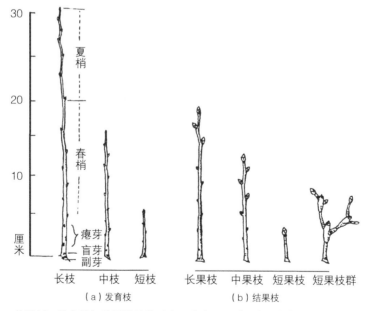

（a）发育枝
（b）结果枝

花果树、发育枝与花果枝的类型（图片来源：《北方果树》）

（二）按枝龄分

1. 当年生枝（也称为新枝）

一般指本年度萌发生长且没有落叶之前的枝条。根据当年分枝的级次，可分为主梢与副梢。主梢是由冬芽在春季萌发后形成的枝段，副梢是由当年新梢叶腋间形成的新芽萌发后形成的枝段。根据分生级次不同，副梢可能生出一次副梢、二次副梢或多达三次副梢等。另外在部分花灌木上，由于季节、气候、水肥管理等原因，当年生枝条常有一次或二次生长高峰，个别还有三次生长的现象，因此当年生枝上可见到春梢、夏梢和秋梢的不同枝段。

2. 一年生枝条

指生长发育时间在一年的枝条，从当年萌发生成枝条到停止生长落叶后，直至来年萌芽前，称为一年生枝条。由当年枝条生成的春梢与秋梢之间常有数节没有形成芽体的部位，称为"盲节"。在修剪工作中经常利用春、秋梢以及"盲节"作为剪截部位来调节翌年枝条的生长势。

（1）春梢。指枝条在春季前期生长的枝段。一般在枝条第一次生长停止的下部为春梢。春梢上的芽比较充实饱满，皮色深而光亮，成熟早，枝条发育质量好，木质化程度高，能安全越冬，剪截后可以萌发出较好的枝条。要想使树木萌发出较多的强旺枝条，常在春梢上短截。

（2）夏梢。夏梢是指枝条的中、上部分在夏季生长形成的枝段。夏梢的发育质量、成熟度与木质化程度等虽不如春梢，但都好于秋梢，修剪时为使树木缓和生长势及扩大冠幅等常常应用。

（3）秋梢。秋梢多生长在枝条的上部，为秋季生长形成的枝段。秋梢的生长质量不如春、夏梢。从形态上看，秋梢成熟晚，皮上茸毛多，芽子瘪，甚至为盲芽，枝条木质化相对差，内含营养物质少，在有些树上越冬容易发生冻害或"抽条"。修剪工作中要视树种具体情况决定应用与否，多数情况是不用的。但在耐寒的观花树木上发育较为充实的秋梢，花开得也很好。如海棠树的秋梢常可形成很好的腋花芽；杏树在遇有倒春寒的年份时，应用秋梢上的花芽，因花晚开而避开"倒春寒"，反而坐果较好。园林树木，特别是在花灌木修剪工作中常有利用秋梢来达到某种特殊目的。

3. 二年生枝与多年生枝

二年生枝是生长发育在两年间的枝条。依次类推为三年生枝至多年生枝。由于枝条每年与前一年之间，从快速生长逐渐转变为缓慢生长、再到停止生长，形成密集的节痕，此处称为"年痕"。修剪工作中常与盲节同用于减缓生长势。

盲节

碧桃一年生枝上
的春、夏、秋梢

二年生枝条与当年生枝条

山桃二年生枝、年痕
与当年生枝

（三）按营养、发育、生长状况分

1. 徒长枝、直立枝

该两种枝生长位置常不固定，当年生长旺而超长，叶片大但薄，节间较长、芽体瘦小，枝条质地较差，生长期营养消耗大于自身所制造的养分，多发生在枝干的背上或受到重修剪及强刺激的部位。该类枝在幼、中、壮年树龄时期多因扰乱树形，影响通风，修剪时不被利用更不宜甩放；但在老龄树木更新时期或内膛空间大、缺枝时，常经过改造、培养利用。

2. 斜生枝、水平枝与下垂枝

针对枝条生长角度而言，其枝条生长势多不会太旺。但在花果树幼龄时期此类枝是提前开花结果的枝条。

3. 内向枝

生长伸向树膛内的枝条。

4. 重叠枝

两个枝条近距离紧挨着生长在一个垂直面，呈重叠状。

5. 平行枝

两个枝条生长在同一水平面上，且相互干扰。

6. 轮生枝

三个以上枝条生在同一节上，成轮状生长。

7. 交叉枝

两个或多个枝条相互交叉、干扰生长的枝条。

上述 3 ~ 7 项所指枝条，修剪时多以疏剪为主。

8. 细弱枝

指树冠内膛或枝干后部生出的纤细、弱小枝。生长发育不充实、枝条软而且木质化较差，皮多有茸毛，叶小、芽瘪，白白消耗营养的枝条。该种枝修剪时多疏除；一定需要时，要结合加强肥、水管理，修剪工作中以间疏和缓养为主，不可短截。

9. 叶丛枝

是指生长延伸能力很小，年生长仅有几毫米，甚至不足毫米的枝。生长季节从外形看，常有数片叶子簇生在枝的顶端，观赏树木多生在多年生的枝干上，该种枝条除非在强

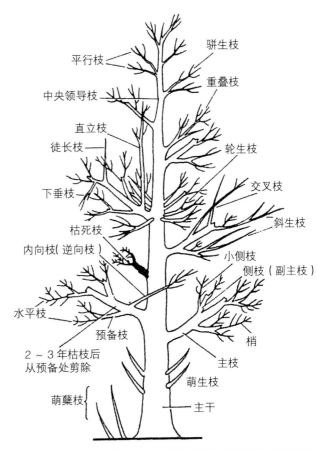

观赏树木各种枝条名称示意（图片来源：《观赏花木整形修剪图说》）

烈的刺激下，一般不会自然生出中、长枝条，更不能长出分枝，但在部分树木上可以生成很好的花芽，如海棠、银杏、榆叶梅、紫荆、贴梗海棠等。

枝条是修剪的主要对象，虽然其名称容易了解，但掌握它们的生长部位及其特性和对修剪反应是极为重要的。

银杏多年生短枝上的叶丛枝

四、园林树木芽的类型及习性

树木的干、枝、叶、花、果等各类器官都是由不同的芽体发育而成，不同的枝芽修剪反应也不同，根据不同芽体特性对修剪的反应采用适合的修剪方法才能达到预期目的，为此需要了解各类芽的形态及其习性。

（一）芽的类型与名称

1. 按芽的性质分

（1）叶芽——只能抽生枝、叶的芽。

（2）花芽——可以开花、结实的芽

1）纯花芽——只能开花不能生长出叶片与枝条的芽。

雌、雄同株同花：如碧桃、榆叶梅等。雌、雄同株异花：如核桃、松树、侧柏。雌、雄异株异花：如银杏、杨、柳等。

2）混合花芽——既可开花结实，又可抽生出枝叶的芽。如海棠、杜梨、葡萄等。

修剪开花、结果树木时，鉴别花芽、叶芽也是修剪者的一项技能。

2. 按芽的着生位置分

（1）定芽——指位置固定的芽。顶芽：着生在枝条顶端的芽。侧芽：着生在枝条侧面，叶腋间的芽。

（2）不定芽——生长位置不固定的芽，如根、茎、干上产生的萌蘖芽。不定芽主要是与固定芽相对而言，平时见不到芽体，在受到外界某种作用下，如修剪的刺激等，常促其形成并萌发生长。

3. 按芽所在位置的数量分

（1）单芽：每一节位或一叶腋间只着生一个芽，如海棠、槐树等。

（2）复芽：同一节位上生出两个以上的芽。其中多个芽的又常分为主芽与副芽，如桃、李。

4. 按芽体质地分

（1）饱满芽：生长健壮、发育充实，个体较大而饱满，鳞片多且光亮而紧实的芽。

（2）瘪芽：生长瘦小而瘪的芽。

（3）盲芽：只有叶痕，没有芽体，亦称为瞎芽。

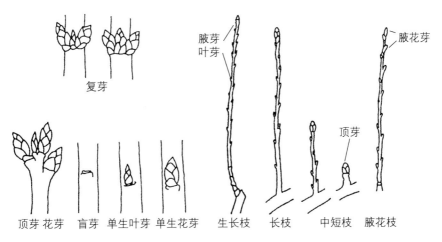

不同枝条上的芽（图片来源：《观赏花木整形修剪图说》）

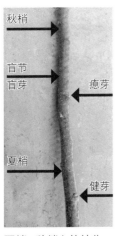

夏梢、秋梢上的健芽、瘪芽、盲芽

一年生与二年生枝及年痕

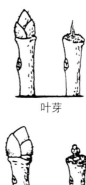

花果树的花芽与叶芽（图片来源：《北方果树》）

（二）芽的特性

现将在园林树木上与修剪有关联的芽的性能简述如下：

1. 芽的早熟性

指芽在当年形成并成熟，外界条件适合时即可萌发成枝或开花、结实的现象。如碧桃可以萌发多次副梢，木槿、紫薇等当年枝条开花，葡萄可以形成二次果实以及月季当年枝条多次开花，都是因为芽具早熟性的表现，修剪工作中经常应用芽的早熟性得到想要的结果。

2. 休眠芽与潜伏芽特性

树木枝条上多数腋芽在生长季节不萌发，成休眠潜伏状态，称休眠芽。该种芽一旦受到某种刺激时即可打破休眠潜伏状态，萌发生成枝条（有的树种没有该种芽。）

3. 芽的自枯性

指芽的自然死亡，又可称为自然修剪。在园林树木上最为常见的，如槐树、栾树等，它们一年生枝条的顶芽全部枯死，形成自然打顶（多为合轴分枝）。此种树木其自然分枝量即可达到轻度短截的分枝效果，此性能在修剪中是可以应用的。

栾树枝顶芽自枯

4. 芽的萌发率

指一年生枝条上，在自然条件下或剪截后芽的萌发数量，即萌发芽占该枝条芽总数的百分比。常称萌发率高、萌发力强或称萌发率低、萌发力弱。

5. 芽的成枝率

指一年生枝条上的芽，在自然条件下或修剪后可以生成枝条的能力。萌发后生成中、长枝条多，说明成枝率高或称成枝力强。如果形成中、长枝少，说明成枝率低或是成枝力弱。

上述芽的性质、着生部位、质量、不定芽的有无及

黄枝槐枝条顶芽自枯

其萌发率高低，在不同树种，甚至不同品种上都有区别，均与修剪有着密切关联，是修剪者应当了解掌握的。例如具有自枯芽的树木，其自然分枝量即可以代替轻度修剪的效果。又如芽的质量常影响抽出不同的枝条，俗称好芽抽好条，瘪芽抽弱条。修剪时常用剪口下芽的饱满与否、芽的方位及枝芽的角度等等，调整来年枝干的生长势。

五、园林树木修剪与叶片的关系

（一）叶片的主要作用

树叶是树木制造有机养分的主要器官，它具有蒸腾、呼吸、吸收、光合和储存等生理功能，是树木在自然生长发育过程中有机养分的唯一来源。

（二）叶片质量的鉴别

叶片的质量标志着树体的营养状况及管理水平。看叶片的质量，主要从其长短、大小、薄厚、色泽、数量和韧性等来辨别，这也是判断树势的方法之一。

（三）叶幕与树冠总叶面积

叶幕是指叶片在树冠中立体分布的状况。树冠叶面积是指树冠全部叶面积的总和。

（四）叶幕与整形修剪的关系

园林树木修剪时一般较少直接针对叶片（特殊情况除外）进行剪截，特别是在遮阴、落叶树木上的冬季修剪，常常只着眼于枝条的剪截，而忽略了修剪枝条对叶片间接带来的影响。也可以说对叶片的多少在树木上所起的作用重视不够。这里把叶片对树木的作用提出，以引起重视。

叶幕的形成、分布是否合理与整形修剪有密切关系。枝条上叶片在树冠上的分布组成叶幕，叶幕薄了、少了会影响光合作用，影响树木有机养分的积累；但是叶片太多、太密会影响树冠内的通风透光，对树木生长发育也是不利的。在落叶树休眠期修剪时，虽然眼前见不到叶片，但应当依据剪、留枝条的多少，去设想叶幕在树上的分布状况，既要使树冠形成立体的叶幕，还要使树冠通风透光，才能体现修剪的技术水平。如果叶幕仅仅在树冠外围或是只在树冠的顶层，显然其绿化效果是不够的；但是如果枝叶密作一团，通风透光以及光合作用也就会很差，且极有可能发生自然灾害及病虫灾害。

成年树冠应结合前述树冠的层形性，在整形修剪工作中在冠上冠下、树膛内外都着生枝叶形成立体叶幕。一般高大乔木在树木生长季节，人肉眼可以穿透树冠，则认为其枝干分布较为合理。当然也要结合树木种类、树体的大小、种植目的而异。

六、园林树木的根系

（一）根系的分布及其作用

根系是指树木生长在地下土壤的部分。根在土壤中垂直分布小于树的高度，据资料记载仅约为树高的 1/3；但其水平分布却多大于树冠的垂直投影。

根是树木主要的营养器官，具有吸收、储存、合成、繁殖、分泌和改善土壤理化特性的功能；担负着从土壤中吸收水分、无机养分并输送到树体各部位的任务，以及固定和支撑树木的作用。

（二）根系类型

在园林工作实际应用中，常按根系在土壤中分布状况把树木根系分为：

1. 深根性（主根型）
多指树木具有垂直向地下发育的立根，其主根发达且生长比较深，主根上生出多个较大的侧根，侧根上再生出较多细小的须根、吸收根。是结构较全，分布深广，吸收力强，寿命长，固地性好，抗风、雨、干旱、水涝性能也强的根系类型。如松、柏、杨、柳等树种。

2. 浅根性（水平根）
园林树木中，泛指主要根系不是垂直生长或是直立根不太发达，根系主要由侧根生长发育而成，分布在地下比较浅层区域，近似水平方向伸展较多。其固地性能相对差些，抗干旱、雨涝、抗大风等自然灾害能力相对较差。如洋槐、桃、李、棕榈科和单子叶树木等的根。此类乔木在修剪时应特别注意压低、减轻冠枝数量。

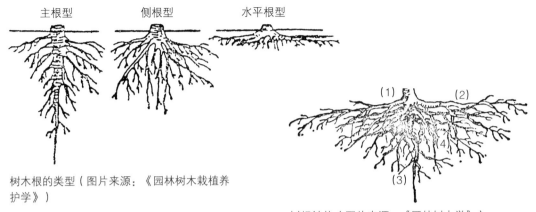

树木根的类型（图片来源：《园林树木栽植养护学》）

树根结构（图片来源：《园林树木学》）
1- 根颈；2- 水平根；3- 直立主根；4- 垂直根

（三）根系各部位的名称及其功能

根系由骨干根、须根及其吸收根组成。

1. 骨干根

指粗大的骨架根，包括主根、侧根，其作用是固定树体，输导与储存养分、水分。其寿命与树体一样长。

（1）直立根。多源于实生苗胚根发育而成，通常直立向下生长，粗壮发达，固定性、适应性、抗逆性均较强。但此种根在苗圃育苗过程中，为生出较多的侧根以便提高移植成活率，多将其切断。

（2）侧根。较为粗大而永久的大根，多是由主根侧向生出的分支形成，它与立根有相同的作用，但它生长有一定的开展角度，不成垂直向下生长。

2. 须根（包括吸收根）

泛指着生在主、侧根上的细小根，其生命较为活跃，具有吸收、输导水分、养分的功能，生命常比骨干根短，但更新能力很强。移植树木时须根的多少常影响成活率。

3. 根颈

指树木地下与地上交接部位，是树体有机营养与无机养分的交通要道，是树木生理机能较为活跃的部分和对外界环境反应较为敏感的区域，根颈的抗逆性相对较差，管理不当常容易受到冻害、日灼、病虫侵害等，所以注意保护根颈是十分重要的工作。

（刘育俭 摄）

第二章

园林树木整形与修剪基础知识

第一节　整形与修剪

一、园林树木整形修剪的意义

在园林绿化养护管理工作中，树木修剪是一项重要的技术工作。园林树木种类繁多，各种树木有不同的形态特征和生物学习性；而不同的绿化意图又对各种树木提出不一样的要求。这些要求大多需要通过修剪来实现。正确的整形修剪可保持合理的树体结构，并且可达到人们的意愿：多种优美的树姿、一定特色的园林景观等。修剪还可以调整树木水分与养分的流向、调节树木的生长势、促使冠体生长得以平衡、使树木生长更为健壮。合理的整形修剪可使树木通风透光，观花树木花繁叶茂、花色更艳，高大乔木雄伟挺拔、叶幕层分布合理，遮阴、绿化效果更好。合理的修剪可减少病虫为害，减轻风灾、暴雨、雪害等自然灾害。合理修剪可使古、老树木更新复壮、延长寿命。修剪还可以控制树冠的形状和大小，解决树木与城市建设中遇到的电缆、管线、交通等众多市政设施的矛盾。同时合理的修剪可方便各种园林养护作业。所以掌握园林树木的修剪技术是园林职工的重要任务。

二、园林树木的整形与修剪

通常所称的修剪工作，其内容包括两个方面：一是对树木冠形结构的整形修剪；二是对树木根、茎、枝、叶、花、果的剪截、疏除、保留等梳理措施。

（一）整形

整形是对树冠骨架结构的合理选留、布局、剪截与培养，使之达到符合人们对园林绿化效果与优美造型的要求；使树木得到最适合生长的外界环境条件；为便于各种树上作业，均要有一合理的树体结构，需要通过整形修剪来实现。

园林树木的整形修剪因环境和经济投入不同，栽培目的和要求不一样，对树木的整形方式有很大差异。大体分为两大类：一是人工造形，又称规则式整形，即以人们的愿望将树木修剪成各种形状的树形。该种整形方法需要较大的财力与人工投入，还要选择耐强修剪的树木种类，它虽然有违于树木生长发育的习性，但人们的追求与愿望是多样的，规则式修剪，适合有某些特殊需要和要求的地方应用。

人工造形

　　另一种园林树木整形是自然式整形，也可以称为混合式整形方法，是以树木自然形态与生长习性为基础，加以人工调理与修整，使树木更适合人们的需要与管理。此种整形要求形态自然、技术简单，经济、人力、费用投入较少。适宜广大园林、庭院、绿地、林荫道路应用；中国园林以自然树形为主。

　　本文所述是以自然树形为主加以人工协调的整形修剪方法。

上述两种整形方法，都需要从幼、青龄树开始，对树形"骨架"进行培育。其间要有长远规划，少则 3 ~ 5 年，多则 5 ~ 10 年才能完成，该时期要有一致、连续性的修剪目标与方法，不可每年更改对树形的要求。

（二）修剪

修剪是指在合理、良好的整形基础上对树木的器官——根、茎、枝、叶、芽、花、果等进行各种修整和剪截的技术措施。其目的是使各类冠枝分布得更为合理，适宜树木生长发育，达到人们的愿望。

（三）整形与修剪的关系

整形与修剪是两个不同的概念。合理的整形是靠科学的修剪技术来完成的；科学的修剪技术只有建立在合理的树冠结构上才能体现其效果。二者是紧密相连、相辅相成的，而且还是同时进行的，是为同一个栽培目的与要求采取的技术措施。

园林树木整形、修剪的次数根据需要，一年可进行一次或数次，有的树木也可以数年修剪一次，特别是以自然树形为基础的高大树木不需要年年修剪。

三、园林树木整形修剪的基本原理与依据

树木的整形修剪技术是建立在树木生物学基础上的，以树木生长特性为依据，贯穿于各种修剪方法对树木所产生的作用，来调节树体内养分、水分的流向以使用与储存的措施。科学的修剪，不仅应掌握各种树木的生长习性，还要正确了解各种修剪方法在不同树木上所产生的反应，才能获得预想的效果。

（一）树木整形修剪的原理

为什么经过整形修剪的树木不仅树姿丰满优美而且能够生长旺盛？为什么整形修剪过的花灌木、果树比弃管的树木花形大，色泽艳，花期长，果实更优良？这是因为整形修剪对树木生长发育所起到的调节作用，即对树体内营养物质的调节和对外部环境的改善。

整形修剪并不能代替施肥、灌溉等措施，它的作用必须建立在综合养护管理基础上，才可以体现出效果。

整形修剪的原理是：

1. 调节树木地上与地下的营养关系

树木的枝干、树冠、叶片、花果和种子与地下根部系统保持着相互供求关系，地上部分受损，地下部分也随之被害；相反地下部分受伤，地上部分生长也随着受到影响。树木在自然生长、发育过程中，特别是园林树木常常受到自然界和人为的干扰，使根、冠失去应有的平衡。合理的修剪可以调节树木地上与地下生长平衡，不合理的修剪也可能破坏这种平衡关系。如移植树木时根部严重损伤，就应对树冠进行适当修剪，平衡树木上下失调的关系，以利于提高移植成活率。

2. 调节、均衡树木枝、干的生长势

树木在正常生长过程中其枝、干之间的生长是建立在一定的动态平衡基础上的，而这种动态平衡关系经常受到外界和内部因素干扰和破坏，修剪却是为了维持这种动态平衡关系。用修剪技术来调节养分的流向与储存，减弱强旺枝的生长势，对弱势枝干加以扶持，助其强壮变旺，以维持冠内枝、干间生长的平衡。这在修剪工作中常称为抑强扶弱，均衡树势。

3. 调节营养生长与生殖发育的关系

树木的营养生长与生殖发育的关系既是统一的又是相互矛盾的，是对立统一的辩证关系。没有一定的营养生长量和一定的营养物质数量的积累，生殖发育是不可能进行的。但是，营养生长过快就会消耗大量的养分，影响有机营养的积累，又会抑制生殖器官的生长发育；而生殖生长的过度反而会削弱树木的营养生长。利用修剪措施来调节二者的关系，使树木的长势达到中庸、均衡，在观花、观果树木的养护管理工作中尤为重要。人们常利用修剪措施抑制营养生长过旺的幼龄树木，使之提前进入观花、观果期，也可以用修剪措施来减少花果结实量，控制生殖生长，使弱树恢复树势，使古树名木复壮等。

4. 调节改善树木对空间、光照的要求

利用修剪可以使树膛内得到良好的通风、透光条件。几乎所有植物对光照都有一定

的要求，在树木生长、发育过程中常有多种原因不能满足其对光照的需求，用整形修剪的方法来调整枝与枝空间的合理占位，打开冠膛内光路，满足叶片的光合作用，促进花芽的分化形成，以利于树木的观花、观果效果。

总之整形修剪起到的是调节作用，调节树上、地下的关系；调节枝、干之间的养分与水分流向，使其均衡生长；调节营养生长与生殖生长的关系；调节树冠内的空间合理利用等等。

（二）整形修剪的依据

1. 依据园林绿化的需要

园林树木种类繁多，人们凭借众多的植物材料创造出多姿多彩的园林景观。修剪工作首先是要依据人们的目的或绿化设计要求来进行。例如同为一株桧柏树苗，要看设计要求是把它作为几何图案，还是要它成为孤立的观赏大型乔木，同样还可以将其作为绿篱墙使用。林业希望树木多出木材，果农希望树木多产优质果品，园林则希望有优美的树姿供人观赏。目的不同修剪措施就不可能一样，人们的一切行为都有其主观意愿，这是修剪的前提。因此，对于高大的遮阴树木，应通过修剪使树木尽快长大成荫，不可用修剪来压制树的快速生长；开花灌木我们不能将花枝都给剪掉；观枝树木不能在秋末、冬初就把树的枝干抹头或只留很短的枝干，使之失去观赏目的。这些是目前园林养护现实工作中常见的问题，也是违背了设计与栽培目的。

2. 依据树木的形态特征及生物学习性

上述人们的主观愿望必须要建立在客观基础上，即树木的形态特征及生物学习性，否则修剪结果会事与愿违，达不到目的和要求。

（1）树木的形态特征

园林树木的形态多姿多样，不同树木整形修剪的方法应有所区别。如前所述：①有主轴的乔木，如毛白杨、美国白杨、银杏、雪松等，整形修剪时一定要使中心干的主头具有良好的生长势，不可将中心干抹头修除。因为它们的顶端优势很强，需依靠其主干的顶端枝条带领侧枝干生长，一旦没有主头，树木枝条的生长即会受到影响或是打乱了自然冠形，失去树木的顶端优势与自然风采。②主轴不明显的树种，如碧桃、榆叶梅、樱桃、石榴、馒头柳、千头椿等，中心干优势不强，而是丛生或是多主干的树木，整形修剪时应以丛状、圆头形、开心形树冠等为好。

（2）树木的生物学习性

1）树木对光照的要求

树木对光照的要求差异很大，如碧桃、月季等强光植物，在整形修剪时，应选择树冠内膛容易得到光照的树形，将树形修剪为自然开心形。又如槐树虽喜光，但也稍耐阴，树形可修剪为多干形。再如女贞、天目琼花、金银木等忍冬科的树木较为耐阴，可适当多留些枝干，形成枝叶较为密集的圆头形等。

2）树木对修剪的反应

修剪是对树木进行的"外科手术"，对树木有较大的刺激作用。各种树木对修剪后生长、发育和开花结果具体表现的差异，称为各种树木对修剪的反应。不同的树木对修剪的反应是大不相同的。如槐树、榆树、悬铃木等树种非常耐修剪，树木的潜伏芽、不定芽寿命长。轻剪、重截以后都会萌生众多新枝，修剪时可轻、可重，不会对树木造成毁灭性的损失。但对松类等少有或没有不定芽的树木，修剪时则应轻疏不截，否则将会对树木有不可挽回的伤害。

树木对修剪的反应除树木各自特性的不同外，环境条件和栽培管理措施对修剪反应也有影响，在修剪工作中，应当观察树木本身前一二年对修剪的反应，来作为当年的修剪依据。

3）树木的萌发率与成枝率

在自然生长状况下，不同种类树木萌发率与成枝率差异很大，经修剪刺激后所生成枝条的数量也大有区别。萌发率高的树木，短截的轻重问题不大，而萌发低的树木，短截时则应当考虑到冠枝多少的需要。木槿、榆叶梅萌发率与成枝率都很高；而梨、枣树的成枝率相对较低。这些习性在整形修剪中与枝组的培养都有密切的关联，也是修剪工作的重要依据。

4）树木的生长势

随着树木年龄增长和管理水平的差异，树木的生长势都不一样，即使是同一树种其生长势的强弱也不会相同，对修剪的反应也有区别，因此修剪方法应有变化。强旺树木剪除枝条过多、过重，第二年必生旺条；强枝中、重截则又生出旺枝。细弱枝条重剪则枝条更弱。

对生长强旺的树可以去强留弱，减少强枝数量，对其中庸枝适当轻截、多缓放，利于缓和生长势。相反对生长衰弱的树木则应疏除细弱枝条，减少消耗性枝条的数量，多留用健壮枝；对其必需留用的生长较差的枝条不宜剪截，当年生长较弱的枝、芽，以缓养为主；对该种树上生长较为壮旺的枝条，要剪截在枝条的饱满芽处；对其中多年生枝可以适当地回缩到壮芽、壮枝处，并要在树冠外围适度回缩一、二年生枝。对于生长衰弱的树，树木整体修剪的枝量要略重一些为好，目的是减少萌发数量，集中力量促发出新的营养枝条。

总之对弱树应除细弱枝，留强壮枝，抬高剪口与锯口处枝、芽的角度，选择有利的枝势及时回缩，枝条适度中、重修剪。对强旺树要去强旺，留中、弱枝条，适度轻剪。

在修剪工作中要注意观察树木的生长势,观测方法：常依当年新梢生长的长短、粗细、枝条的质地、皮色以及叶片的色泽、薄厚等来判断。

5）树木的开花习性

花灌木的开花习性是不相同的。首先是在当年生枝条上开花，还是二年生枝上开花，有的树木花枝、花芽着生在多年生枝、干上。其次是什么样的枝条上花开得最好，是长枝还是短枝，是粗枝还是细枝以及花芽着生在枝条的哪个部位，是在枝上部还是枝下部。这些都是修剪工作者应该掌握和了解的重要修剪依据。

6）树木芽的特性

各种树木芽的特性差异很大，即使同一株树上芽生长的部位、发育的质量、成熟的早晚、寿命的长短都不一样。在不同芽节处剪截，发出枝条的生长势是不同的。例如紫荆在当年生与一年生的中、短枝条上的叶芽多生在枝条的上端，如对该种枝条行中、重度短截，常有使之死亡的危险。碧桃的短枝条上只在顶端有一个叶芽，只要一截，该枝花后必死无疑。这些均可成为修剪方法的依据。

（3）树木生长发育年龄的特性

树木的生命周期中有幼年、青中年和衰老等不同时期，这也是修剪的重要依据，不同时期的树木其修剪方法应有区别。

1）幼龄树木的修剪

该时期的树木开始迅速生长，此时的修剪量要轻，除有特殊需要外（如特殊造型），一般不作强剪只作引导性截剪。在自然生长的情况下主要是选留、培养树体骨架枝干的数量及排列方位，控制好各枝间的主从关系，注意调整好同级枝干的生长势。对短、小枝条要多留多放。此外必要时适当保留一定数量的辅养枝，更利于树木的生长。

2）青、成年树木的修剪

树木青、成年初期(定植后～30年)正是其生长、发育旺盛期，这时整形已将基本完成，为树木一生打下生长、发育快捷，方便各种树上作业的良好基础。但此时的树形"骨架"仍需要发展与巩固。另外，该时期修剪还应注意对树上临时性的辅养枝应逐步削弱去除，以利于树木的生长和通风、透光,减少病虫的为害; 对较大型的辅养枝，不一定要一次除掉，而要逐年去除；对有空间、不影响骨干枝的辅养枝可以压缩成为枝组或冠枝组保留。

树木成年后期的修剪应与前期整形具有连续性和统一性，完成巩固好整形的任务，形成理想的树木冠形。花灌木应该是花繁叶茂，乔木要叶幕厚、绿色浓，保持树木的健壮旺盛以及优良的树冠、延长树木旺盛期的年限、推迟衰老期的出现是该时期修剪的任务。

3）树木衰老期的修剪

此时其一般首先表现出树木尖端、外围枝条有生长衰退或干枯的现象，而枝干后部则常有新条萌发，此为向心生长现象。应抓住机会及时利用适度重截、回缩修剪，以较强刺激的方法使其恢复新的生长势，遇有强壮的新枝适当多留，应用局部的徒长枝达到更新复壮的目的，但要注意伤口的保护。

4）依据树木存在的问题

园林树木的管理水平与要求差别很大，有许多树木多年不做修剪，即便是年年修剪的树木，由于修剪水平与修剪方法的不当常存在各种各样的问题。修剪要根据树体存在的问题采取适当的修剪方法。

以上所述树木的生长、发育、萌芽、成枝、开花、结果、养分的流向以及对风、光要求的习性和树木自身存在的问题，都是修剪工作的重要依据。

3. 依据环境条件

园林树木的生长发育与周围环境有着密切的关系，即便是有相同的绿化要求，但环境条件不同，进行修剪整形时方法也会有所不同，更何况城市的环境条件是非常复杂的，如交通、管道、电缆、电线、山石、建筑，随着社会的发展，城市的大气、土壤质地甚至人为破坏等等都是影响树木生长的客观因素，在工作中就要因地而异，随着环境的变化而改变修剪方法。

此外，绿地的等级要求、投资的多少以及种植的方式和稀密度等，也是修剪的依据。

总之，修剪首先是按人们的主观愿望、要求去实现自身的目的；人们的愿望要建立在客观的基础上，这个客观基础就是树木的生物学特性，即树木的形态、生长、发育的特性，以及客观环境条件等，均为修剪的依据。

四、园林树木整形修剪的原则与要求

园林树木种类、品种较多，绿化要求也各不一样，有观花果的低矮花灌木，也有观叶、遮阴的高大乔木，修剪要求差异较大，加之平时人们对观赏树木的修剪方法随意性较强，对整形修剪的概念较为淡漠。但是，园林树木修剪并非无规、无矩，并非可以随意乱剪。我们修剪的对象毕竟都是植物材料——树木，它们有其共性，有共同的生长、发育规律以及对外界的要求，所以也就产生了对树木修剪的原则和要求。

（一）整形修剪的原则

1. 园林树木要有形

有形利于树木的观赏与管理，园林树木不同于荒山造林，它是供人们观赏所用，不修剪的树形会变得杂乱无章。在整形修剪过程中对树体"骨架"枝干以及枝组的去留都要有长远规划，全面地安排，才能显得有序不乱。要让树冠的上下、内外都有花果与叶幕层，必须要有一适合树木生长的树形。

2. 树势要均衡、主从要分明

从长远管理工作角度，同级枝干的生长势要均衡，利用修剪来抑强扶弱，使树冠各局部间生长协调，在整体上相对平衡，树体不要形成偏冠歪树。另一方面，每一个主干上的枝条要主、从分明，领导枝干与被领导枝干从属关系应明确，不能混乱。

3. 因树整形、随枝修剪

各种树木虽然都有其共性，但任何一种树木也同样不可能找出两株生长完全一样的植株。修剪不是做木工，有其样式，尺寸分毫不差。园林树木生长的立地环境差异很大，修剪时就应有形不死、因树整形、随枝修剪，其要求不可生搬硬套。应根据实际树木生长状况适度给予调整，逐步向理想美观的方向过渡，特别对粗放管理的树木，不可改造过急，行使大锯、大砍，伤及树势。

4. 抓树体上的主要矛盾，次要问题逐年解决

不同树木存在不同的问题，修剪时要了解掌握树上存在的问题，抓其主要矛盾，次要问题会迎刃而解或是随后再逐步、逐年解决，不必一次解决所有的问题，特别是在粗放管理的树木上，这也是修剪的原则。

5. 去除干枯交杈枝

不论是乔木、灌木，还是观花、观叶树木，枯干、死橛、病虫枝、残枝、败花枝以及重叠、交叉枝条等，都是要及时修除的对象，切不可长期留放在树上。这些死枝、干杈看似小事，它不仅影响观瞻，而且还是病虫发源地，在高大树木上的较大枯枝干常存在安全隐患。

（二）整形修剪的基本要求

1. 做好计划与准备工作

修剪是园林养护工作中一大项工程，不应打无准备之仗。

首先是了解园林绿地、街道路树的种类，过去养护管理水平以及目前存在主要问题并掌握任务数量。其次是结合实践经验计算或估算出定额，安排好人员数量，作好修剪进度计划。一般是耐寒树种先修剪，容易"哨条"的树种以及冬剪有伤流树木，再就是以冬季观赏枝干为目的的树种，应当安排在冬末或早春修剪。风寒天气修灌木，风和日丽修大树。

再者是准备好各种修剪用具，如剪、刀、锯、梯、绳索、车辆、安全设备以及手套、工作服、安全帽、软底鞋等用品。必要时修剪前还要与相关需要协作的市政单位取得配合协议。

2. 技术、安全教育

修剪前最好是对有关人员进行培训。讲明任务的地点、树种和各个地块（区域）修剪需要解决的主要问题。讲授技术方案，提出统一的修剪标准要求。还应简单讲解有关修剪对象树木形态与生物学特性。同时要讲清安全规章制度与操作要求，这样连续数年就可培养一批高素质的修剪骨干队伍。

3. 向树木学习

在修剪过程中要注意不断总结经验，加强学习。其中寻找树木对前一、二年修剪反应，是最为便捷、准确的途径。

4. 先观察后修剪

工作人员在修剪现场，要养成先观察树木再开剪的习惯。看，就是看前几年整形修剪的意图和方法、看树龄、看树势、看前一年树木对修剪的反应、看冠枝之间存在的主要问题，抓住主要矛盾，针对重点问题，确定技术方案和操作程序。

5. 修剪要有次序

为保证修剪质量与工作效率，修剪应按步进行，不可东一剪子西一锯地随意乱剪。一般应先处理大的枝干，解决整形骨干枝间的大问题、大矛盾。在具体操作乔木大枝干的顺序时，应先从树冠上部开始逐步向下修除，避免树冠下层所要留用的枝干被上面修掉的枝干砸折、碰伤。大型乔木的修剪主要是处理好大问题，小问题将会迎刃而解，通常不必用花剪做过多细致的剪截工作，即便是叶幕枝组也多用小手锯处理即可。小型花灌木修剪也要先做大枝干的处理，然后做好花枝组的安排，最后一个枝干、一个枝干地由下方向上方逐枝修剪，最好要枝枝过眼、枝枝过问，但不必枝枝过剪。

6. 注意安全

在修剪操作的工作中思想要集中，这不仅可以提高修剪质量，更是对安全有好处，安全问题是首位的，要加强安全意识，特别是园林树木由于生长在较为复杂的地段、环境中，周围多是城市建筑，地面多是硬质建材铺设。大树修剪工作中的人身伤亡事故并不少见，一旦从树上摔下来，后果不堪设想。行道树修剪时树下要设人，指挥树上的人，管理好路面上的车辆、行人。千万不可粗心大意，不可图一时的省事或存有侥幸心理，而忽略使用安全带、安全帽、安全绳等保护用具。特别是遇到高大树木和异常情况，一定要按操作规程作业。气候异常时应停止大树作业。

7. 最后要求

一般观赏树木养护期间修剪下的枝量不宜太大。剪除枝量过大必然影响叶片的减少，就会削弱树木生长。通常养护工作中修剪的枝量不要超过全树枝量的1/3，最好在 1/4 ~ 1/5。常有人错误地认为：重修剪会使树木生长得更快。当然特殊情况除外：如老、弱树木更新以及有特殊需要的树木，移植或遇到大的自然灾害等。

五、树木修剪的几种方法及应用

园林树木修剪离不开下述五种基本方法，合理使用短截、疏除、缩剪、缓放、伤枝，可以调节树木的生长势，即"助势"生长、"减势"生长和"缓势"生长。

（一）短截

1.短截的方法

主要是对一年生或当年生枝，行使剪除枝条的一部分。一般分为轻、中、重、极重四种"火候"。

（1）轻度短截。指剪除一年生或当年生枝条的 1/4 以下，直至仅仅破除一个顶芽，也包括对当年生枝条的摘心，均属轻度剪截范围。

（2）中度短截。剪除枝条的 1/4 ～ 1/3，一般在饱满芽枝段的中、上部位剪除。

（3）重度短截。剪除枝条的 1/2 ～ 2/3，多在枝条饱满芽段较下部位剪除。

（4）极重短截。剪口落在枝条基部的瘪芽部位。

2.短截对树木的作用

四种短截方法在枝条上的反应如下：轻度短截枝条，新生枝梢相对容易出短枝、花枝，少有或不能生出中、长枝条，起到"缓势"生长作用，但该枝条的加粗增快。随着加重到中度短截，其刺激作用增强，新梢的数量与长度增加，起到"助势"生长作用。直到使用重度、极重短截，该枝粗度增长减缓，新梢数量减少、变短，起到"减势"生长的作用。

通常使用"中度剪截"，对剪口下的枝、芽有较强的刺激作用，在剪口下方的芽可萌生出一至数个旺枝，能够增加分枝数量，称为"助势"修剪。但是，如果用"极重"短截方法或是对细弱枝实施任何一种短剪，生出的枝条会变细、弱，则是削弱该枝生长势，成为"减势"修剪。

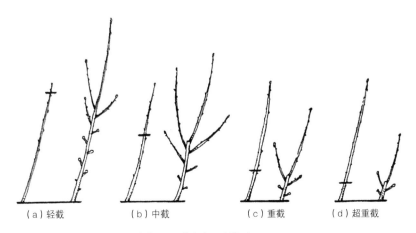

（a）轻截　　　（b）中截　　　（c）重截　　　（d）超重截

四种短截方法及反应（图片来源：《北方果树》）

如果对中庸枝、壮枝使用轻度短截或只"破除顶芽"，则可起到缓和新梢生长的"缓势"作用，即可早日进入生殖生长期。

所以短截修剪只要使用得当对树枝可以起到"助势""减势"和"缓势"生长不同的作用。

3. 短截在修剪中的应用

短截常用在一年生或当年生枝条上，为了减少过长、过多数量的枝芽消耗养分、水分，而使养分集中在所留用的部分枝芽上，用短截的方法剪去多余的枝芽；另外要扩大树冠、促进新梢生长强壮或是要增加分枝数量，填补空间，多用轻、中度短截。对老、弱树木实行全树枝条、枝干适当重度修剪，则可起到增强树势的作用。再者，如果对于某些树种生长特别强旺的幼龄树木，在当年生的"骨干"枝上行使适度短截，促发二次枝，达到早日扩大树冠的目的，可以一年当作两年的时间使用。这些都成为"助势"修剪。要削弱某枝、干的生长，可用重度、极重剪法或在年痕、盲节处短截，起到"减势"修剪。为使幼龄旺树缓和当年的生长，可对中庸枝轻剪或破除顶芽，具有将营养生长转化为生殖生长的效果（徒长、直立、强旺枝除外），则为"缓势"修剪方法。

4. 短截的注意事项

园林树木种类与品种间对修剪的反应差异很大，即使是同种或同株树上枝条生长在不同部位，剪口下方枝、芽发育的质量及其位置、方向、角度等，都会对短截的反应有所区别。有些树种或某一部位，在短截时还应注意剪口下的第二、第三芽的方向与位置。再者重度短截虽是削弱生长势的"减势"修剪方法，但是对强旺的幼龄树，如果对全树枝条作重度短截，虽然可以起到减小树体总量的作用，但是第二年会生出满树新的旺条，反而成为越重剪、当年树条越徒长。

还要提请注意：①对当年新生枝不论行使哪种短截，包括新梢摘心均可起到削弱该枝生长的作用。②对某些树种（如桃、海棠等），在幼龄树木整形时，对骨干领导枝头不可使用轻度修剪或只做摘心修剪，以免将来后部光秃无枝。③另外有些树种枝条的侧芽、叶芽只生在枝条上端，不仅枝条的中、下部没有叶芽，而且还没有不定芽和潜伏芽，这种树木在修剪时，对一年生枝及当年生枝不可行使短截，如油松类树木。紫荆一年生枝条，叶芽多生在枝条的上段，枝条中、下部多没有或少有叶芽，也要慎重行使中、重度短截。一般情况下丁香不做短截。

（二）疏剪

1. 疏剪的方法
指对当年枝与一年生枝以及多年生枝干，从基部疏删掉，包括除去分蘖和枝条上的嫩芽都属于疏剪。

2. 疏剪的作用
一般疏除枝、干就会有剪、锯伤口出现，故多具削弱本枝、干生长的作用。通常在修剪工作中疏除部分枝条以及减少枝、芽、干的数量，对所留用枝干多有削弱生长势的作用，随疏除枝干的大小、多少其削弱作用不同，特别对剪、锯口上部起削弱树势作用较为明显，但对剪、锯口下部的枝、芽稍有些增生作用。如果对全树行以疏除枝、干为主的修剪方法，则可削弱整体树势，特别是对生长较弱的树，疏除过多的枝条，则使树木更弱。总体讲，疏剪、锯多为"减势"修剪方法。但如果对全树仅仅疏除病、残枝与交叉、细弱枝等，或是为解决树膛通风透光问题而疏除多余密集枝条，则有利于树木的生长，反而成为"助势"修剪。在某些强旺枝干上熟练掌握用疏除抑制强旺树势的 "火候"时（即不达到减势），可使该枝生长达到"缓势"效果。

所以疏剪也会对树木起到"减势""助势"和"缓势"的三重作用。

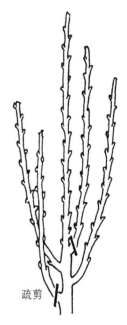

疏剪

疏剪（图片来源：《观赏花木整形修剪图说》）

3. 疏剪、锯枝干的应用
①多用于解决树冠通风透光，枝干过多、过密、交叉等内膛出现的枝条紊乱现象。②在平衡树势时，为削弱树体某一强旺枝干的生长势，多疏去该枝干上强旺枝的作法，可得到抑强扶弱的作用。③也常用在树冠出现"上强下弱或是外强内弱"的情况，疏除树冠上部与树冠外围的强、旺枝，起到抑前促后的作用。④对衰老以及生长较弱树木可以只疏除细、弱、病、残枝，以促进树木生长，起到增强树势的效果。

4. 疏剪、锯枝干的注意事项
（1）疏除枝干的剪、锯口要端、缩、平，特别在速生树上不可留树橛。

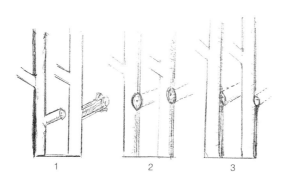

疏剪锯口要求
1– 留残橛，难愈合；2– 锯口偏大，愈合慢且
伤树干；3– 无残橛，伤口小，愈合最好

（2）疏剪、锯除的枝干数量与整体树冠枝量的比例不宜过重。特别是对幼龄及青龄的强旺树，冬剪时对全树疏除过多强枝、旺条，会对整株树木起到较大的削弱作用，严重影响树木整株生长量。但是与上述所说"全树过多重度短截"一样，来年则表现有新梢生长过旺的现象。

（3）一般情况下，疏剪不要出现对口伤或轮生剪、锯口；但如果要希望削弱某强旺枝干则可以利用对口伤与轮状伤口。

（三）缩剪

1. 缩剪方法
是对二年生至多年生枝干行使剪、锯的方法。一般回缩修剪剪口、锯口落在多年生有分枝处的前方。

2. 缩剪的作用
其作用与回缩的急、缓程度有很大关系。回缩适度有抑前促后的作用，成为"助势"修剪。如果缩剪位置不当，例如回缩过急则对该枝干有较大的杀伤作用，特别是在树冠内膛或枝干的后部如果重度回缩剪、截，常会使该枝干衰弱；再者是缩剪、锯口很大而所留用枝条较弱小，即常说的"甩小辫"现象，均成为"减势"修剪。

3. 缩剪的应用
（1）一般为减少枝、干前端分枝或树冠外围的枝条数量，或在枝头或外围生长较旺，形成上强下弱或外强内弱的树上，多用适度"回缩"的修剪方法，从而解决树膛通风透光问题，并起到抑前促后效果。

（2）在成枝率高的树上应用"回缩"修剪可起到减少枝量的作用，还可促进枝干后部枝、芽的生长势。

（3）对多年开花、结果的枝条适度"缩剪"可以延缓花、果部位外移。对连续多年"缓放"的枝干后部生长势弱的枝条常使用"回缩"修剪让后部枝、芽复壮。

（4）特别是在树木"离心秃裸"时期，适时、适度合理使用"回缩"措施，可以推迟或延缓"离心秃裸"的到来，使树木延长壮年期，在"成年后期或衰老前期"的树木上很值得应用。

（5）在长势衰弱的树木以及生长弱势的枝干上可以轻度回缩到背部上面的枝、芽处，以抬高生长角度，助其生长势；如果要控制某枝头的旺势生长可以缩剪到背下枝处来开大角度，减缓其生长势。

（6）在老年树龄上适度"回缩"修剪，可使老树更新、古树复壮。

（7）在移植树木时，为了减少枝、叶的蒸腾，使根、冠上下得以平衡，同时又较少破坏冠形，应当多采用"回缩"修剪的方法。

（8）另外为了控制树冠的大小与高度，常用缩剪的方法。

（9）对直立、徒长等生长势过于强旺的枝组，又不想把它删除，可"重缩"，去除旺枝，留下细弱、平斜枝，削弱其生长。

这里顺便提示，因为环境原因常与市政设施发生矛盾时要多用回缩与疏剪，少用或不用短截为好，因截干后会再生更多新蘖，数年后矛盾又重新出现。

"回缩"修剪方法使用得当可成为"助势"修剪，也可以成为"减势"剪法，只要熟练掌握"缩剪"的火候，还可使其成为"缓势"生长，关键是使用"火候"。

4. 缩剪的注意事项

（1）缩剪在几种修剪方法当中占有主要的地位。特别在使用"助势"回缩修剪时应用最多，技术要求较高，应当熟练掌握在不同树种上、不同部位、不同枝条、不同角度，使用不同"火候"的缩剪。

（2）切记在树膛后部对衰弱枝干使用"重度回缩"，常有把枝、干"杀"死的现象，所以还要注意在缩剪一步到位的时候，其剪、锯口处所要留用枝、芽的方位、角度及生长势等。

（3）在粗大的枝干上应用缩剪、锯时，要注意剪、锯口后部所留用枝、干的粗度与缩剪锯口伤的直径比，速生树可适当放宽些，至少二者直径要相同；在珍贵、慢生树种上，最好留用枝的粗度要大于锯口直径为好。如果留用枝干与锯口直径差异过大时，可以先培养留用枝干，用疏、缩的方法将要缩除枝干上的生长枝去掉一些使其减缓生长，等来年或第三年所留枝干粗度与要缩掉枝干粗度适合时，再一步缩锯到位；有时也可以在留用枝前方留一段"活桩"，待剪、锯伤口与留用枝的比例适宜时再缩锯到位。

（4）还应特别注意的是"回缩"后，对所留用枝干要缓养不应当再行使修剪，更不允许同时再行使"回缩"修剪。

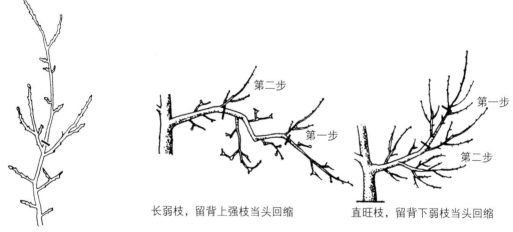

缩剪（图片来源：《观赏花木整形修剪图说》）

回缩示意图：左图抬高角度，右图开大角度（图片来源：《北方果树》）

长弱枝，留背上强枝当头回缩

直旺枝，留背下弱枝当头回缩

槐树回缩示意：红箭头为错误修剪，绿箭头为合理修剪

（四）缓放

1. 缓放方法
缓放就是在修剪工作中对枝条不做任何剪截的方法。

2. 缓放的作用
缓放没有局部刺激作用，有减少分枝或不生分枝的效果，并有减缓新梢长度、缓和树势的作用；但是具有使该枝条加粗生长、总体量增长加快的作用。缓放对扩大树冠有一定好处，而且具有使树木的营养生长转化为生殖生长，促进花芽分化的作用。

可是如果连续多年缓放过长，有使枝、干后部缺少分枝，甚至出现后部分枝衰亡、光秃的现象。如果是整株甩放弃管的树木，则有小树生长较快，开花相对早些，树体杂乱，花、果外移快，花、果总量较少，树木衰老较早的现象。

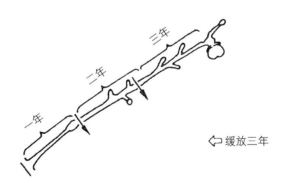

连缓三年结果后回缩修剪（图片来源：《观赏花木整形修剪图说》）

3. 缓放的应用
多用在幼龄树上，用缓放可起到加快树体扩大的作用。对生长过旺的花、果树上的中庸、斜生、下垂枝，缓放可起到将其营养生长及早转化为生殖生长的效果。对成枝率过高的树种，行缓放可以减少分枝的数量，具有疏枝的功效，且避免了疏枝所造成的伤口。对细弱、小枝可以用缓放让其加粗改变生长势；平衡树势时可用于扶持弱枝干加快生长。通常情况下，自然式观赏树修剪时，缓放要比其他几种剪截方法应用得多，也就是不修剪的枝条占全树枝量的多数（绿篱、色块、碧桃例外）。

4. 缓放的注意事项

首先应掌握哪类枝条可以缓放、哪类枝条不可以缓放，否则将事与愿违。对树上的枝条缓放不行使剪截，不等于不理、不睬，修剪时哪些枝是缓放对象、要缓放多少枝条，应做到心中有数。

（1）一般情况对强旺直立枝、内膛徒长枝不可以缓放。

（2）生长中庸类型的枝条，不可连续多年缓放，要适时回缩，特别是开花、结果枝条，连年缓放容易使花果部位外移过快，后部光秃无枝条，从而树木过早衰亡。

（3）对壮年树树膛后部枝干上的平、斜、下垂枝条，也不可过多应用缓放，应及时轻度截、缩，否则该枝条极易衰亡。

（4）在低龄树木培养骨干领导枝时，缓放不截容易导致骨干枝后部光秃缺少分生枝条，故在整形修剪时，对骨干主、侧领导枝头不做缓放修剪。

（五）伤枝

1. 伤枝方法

俗称刻伤，即将生长过旺的枝干甚至生长强旺的整株树木给以一定程度伤害，使枝、干的生长势达到人们理想的状态。其方法很多，常用的工具有刀、剪、锯、弯枝器、环剥刀、铅丝、废旧电线、木棍等，还可以徒手将枝条拧伤，更严重的有为果树及早开花，对树干行使大扒皮者。总之可用伤枝以达到减弱某些树木或枝干的生长势，让枝干成为人们希望的生长势及各种形态。

2. 伤枝的作用

凡是刻伤均为削弱该树或某枝干的生长势，而且多有伤害木质部的作用。

3. 伤枝的应用

多用在生长过旺的幼龄花果树上，利用刻伤可以把营养生长提前转化为生殖生长，使树木提早开花结果。在某些树种上使用刻伤可以在缺枝的部位生出新枝（太老的粗干上困难）。果树与盆景植物造形中常用伤枝方法，自然观赏大型树木修剪较少或不必要使用。

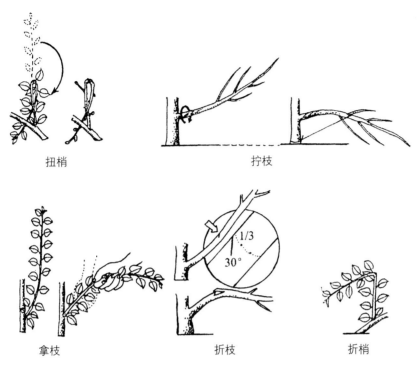

伤枝的几种方法（图片来源：《北方果树》）

4. 伤枝的注意事项

在伤枝前，要事先将枝条木质部"活动"一下为好；还要掌握刻伤的"度"，即"火候"，否则可能使枝、干出现衰竭或死亡。

该修剪对树木生长极为不利

上述修剪有明显的双重作用，且具辩证关系。五种修剪方法，除去刻伤是属于"减势"修剪，其他几种修剪方法只要使用得当都可以随人意愿，来调节树木的生长势，得到增强或减弱树势的作用（当然要在水、肥管理的基础上）。这里提请注意：不论使用哪种修剪方法，剪、锯除的枝干数量，超过树冠总枝量的 1/3 ～ 1/2 以上必然削弱树木的生长速度与总体量。

六、枝组的培育及粗大枝干与根部的修剪

（一）枝组及其培育方法

1. 枝组

前文已经说过，着生多个枝条的枝称为枝组，其分布在各级骨干枝上，是树木生长过程中形成叶幕和开花结果的主要单位。如同一个"工厂的生产小组"合理地分布在"车间的不同部位"。要想使乔木有立体叶幕，使花灌木能够在树冠的上下内外均匀分布有枝、叶、花、果，必须培养牢固的枝组。培养、修剪、管理好枝组是乔灌树木，特别是观花、观果树木修剪工作中的重要技术措施。如海棠、碧桃、梅花、山杏等喜阳的开花树木，仅仅依靠单一枝条开花结果是不能长久的。

2. 枝组培育方法及其分枝形式

（1）单轴延伸枝组

多用生长健壮的斜生营养枝条，采用连续数年缓放不剪的方法（直立徒长枝不宜使用），使其新生枝的生长较为缓慢，让营养生长转变为生殖生长，或是可以形成较多个中、短枝条。一旦发现有花果枝芽出现时应及时回缩，如若不能及时回缩，极容易花开不好、果实脱落、枝条后部光秃。该种枝组多应用在幼旺花、果树平斜、下垂枝多、空间较小的树上，其寿命相对短些。

单轴延伸小型枝组（图片来源：《北方果树》）

（2）多轴延伸枝组

培育方法：①先截后放；②连截再放；③截放交替。其特点是分枝多，结构牢固，寿命较长，组型较大。多应用在大型花、果树木具有较大空间的树上。对该种枝组应注意：根据树内空间，用疏、截、缩方法调整枝组的生长势和其形状、大小以及生长方向。一般形成 5 ～ 15 个分枝的，称为中型枝组；15 个以上分枝的，称为大型枝组；小枝组具 2 ～ 5 个分枝。

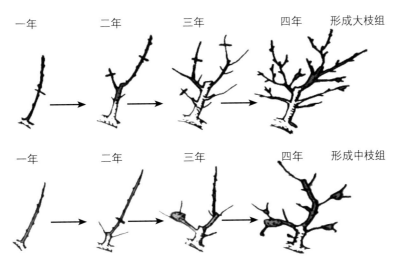

大、中型枝组的形成（图片来源：《北方果树》）

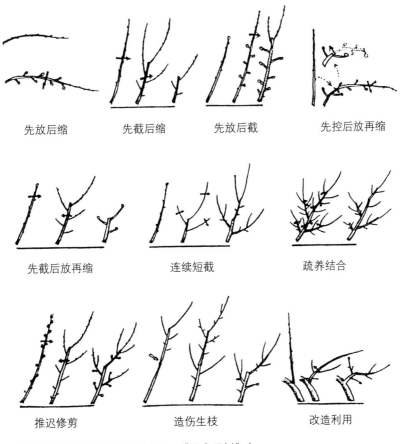

花果树木枝组的培养（图片来源：《北方果树》）

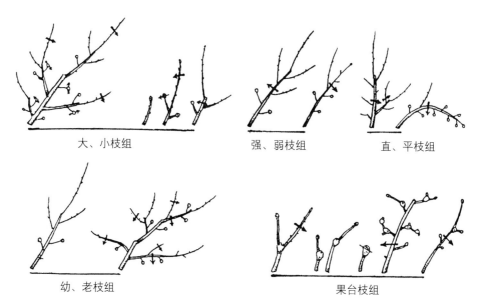

大、小枝组　　　强、弱枝组　　　直、平枝组

幼、老枝组　　　　　　果台枝组

不同枝组的修剪方法（图片来源：《北方果树》）

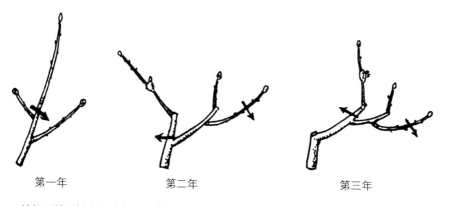

第一年　　　　　第二年　　　　　第三年

枝组双枝更新（图片来源：《北方果树》）

（二）粗大枝干的修剪方法

　　园林树木寿命多在数十年甚至数百年以上，难免会遇到较粗的枝干需要修除或整棵树木需要伐除。遇到大树、大枝干的修除，首先要注意自身与他人以及周围环境的安全。另外还要注意市政设施以及建筑物不要受到损伤。再者是所修树冠要完整美观。这就要求修剪者有熟练的修剪作业技术，要由经过严格培训人员或是有经验的老师傅带领。这里简单介绍大枝干的修除。

（1）大枝、干修除一定要先行"背口"锯，即在正确锯口位置的前方约10～20厘米处，由枝干背面向上锯。

（2）锯到所要锯除树干粗度的1/3处，或是手感觉到夹锯时，再从该锯口前方约10厘米处由上向下锯，这样枝干才会较安全垂直落地。

（3）然后在枝干皮脊与枝领处修除残桩，再用刀将锯口修理平滑，必要时涂抹消毒液与防护剂。

（4）如遇复杂环境还需要使用"跟绳"与"领头绳"；有时要分段锯除，慢慢将枝干分段，一一垂吊下来。

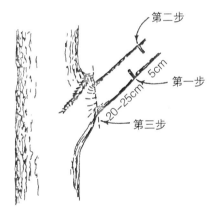

大枝干修剪示意图（图片来源：《园林树木整形修剪学》）

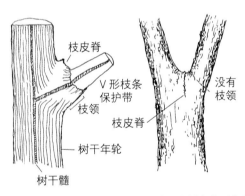

枝干的皮脊与枝领（图片来源：《园林树木整形修剪学》）

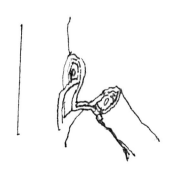

大枝干缺少背口锯，伤及树皮、毁到树干且有安全隐患

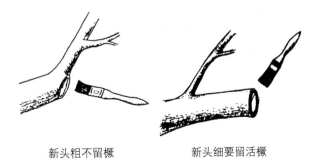

粗大枝干回缩时留用枝粗度最好是伤口的1/3以上，否则应留活桩（图片来源：《北方果树》）

（三）根系的修剪

根的各个部位也具有通过修剪再发生新根的能力。日常工作中大多注重对枝冠的修剪而忽略根系的修剪，在适当的时候对根系进行合理修剪可以促使根的萌发、更新、复壮，从而改善地上部分的生长状况。

（1）园林树木在移植过程中，需要修去较大量冠枝，同时也必须对损伤劈裂的根行使修整，还要注意伤口的平滑。非季节移植时最好要提前一年或一季度对树木提前断根，即在树的南、北或东、西方位，分次行使断根。断根范围应略小于移植时的根径。

（2）对老、弱树木需要更新复壮时，结合春、秋施基肥行使根部适度修剪是园林树木养护的措施之一。

（3）园林树木有时需要控制树木的冠幅，除对冠枝行使缩剪外，利用适度回缩控制根部也是有效措施。还可以在栽植时作根部弯曲、圈盘、打结，修除直立大根等。

（4）根系修剪时间，最好是秋季地封冻前，或早春冻土开化前后，可在树木萌动前结合施基肥对根系作适度修剪。

七、各种修剪时间及其对树木的影响

树木在一年四季的时间中随时都可以行使修剪。但随着季节气候以及地区、树种不同，树木在生长发育过程中会形成某些特定的规律与习性，我们在树木养护、修剪工作中也应当遵循这些生长、发育特性，在不同生长季节采用不同的修剪技术措施，才可达到预期目的。

（一）休眠期修剪（落叶后至萌动前，冬季至春季修剪）

大多落叶树木在休眠时期，其养分停止流动，储存在根、茎、枝、干内，此类树木该时期修剪有三大好处：

（1）休眠期多用于整形修剪，因为整形修剪时修除枝量相对要大些，此时期修剪对树木的生长影响最小。

（2）整形修剪时，在落叶树木的休眠期方便观察树冠整体，便于安排树体骨架结构。

（3）园林工作有较强的季节性，此时园林工作时间上相对空闲，劳动力较为充足。

（二）生长期修剪（此时期树木营养物质正在流动）

1. 树木萌动前或萌动初期修剪
此时期修剪多针对剪、锯口敏感的树木：

（1）冬季修剪易"哨条"的树木：如樱花、紫荆、玉兰、木槿、紫薇等。

（2）观赏枝干的树种：如红瑞木、金枝槐、中国梧桐等。

（3）在休眠期修剪容易出现伤流的树种（见秋季修剪中休眠期不宜修剪的树木）。

2. 花后复剪
主要针对在开花树木上，冬剪时为了多观花而有意把花枝留放较长或多留些开花枝条，花后将多余的花枝疏、截除，把过长的花枝回缩，目的是防止开花部位外移过快。另外为削弱某些生长过旺枝条，冬剪时有意推迟到生长季节的预留枝，此时修剪可削弱其生长势；再者是伤口保护槭以及冬剪遗漏的枝条，此时做补充修剪弥补冬剪的不足。

此次修剪最好在花落 80% ~ 90% 时进行较好，修剪时间不要推迟太晚，以减少对树木生长势的伤害。

3. 夏季修剪
北京地区多在 5 ~ 8 月于观赏花、果树木上进行夏季修剪，主要是控制徒长，删除过密枝，去除病虫枝。目的是打开光路，解决通风，促进花芽形成；理顺枝干顺序，明确从属关系。对当年新植树木，此时需要疏除过多的分蘖；对反季节新植树木也应适当修剪。对大型乔木要修除那些此时较容易发现的干枯死杈。对某些幼龄树生长特别旺盛的领导枝头，也可以行使中短截使其发生二次枝，用来早日扩大树冠。

夏季修剪要根据树种、树势行使一次或者数次修剪，主要是针对幼、旺树与观花、果树木。对生长中庸、老、弱树木不做夏季剪截为好。

有些单位在夏季进行提高树冠分枝点，甚至对树干大抹头，其理由是为安全，怕风雨天气树倒给生命、财产带来损害。但这样做将大大削弱树木的生长势，而且有致死树木的可能，是非常不可取的。解决风雨灾害是要在冬季整形修剪上提高技能，而不可在夏季采用损伤、破坏园林绿化效果的大量去除枝干与抹头的做法。

4. 秋季修剪

时间多在 9 ~ 10 月，对北方地区的边缘树种、容易哨条的树木，把越冬枝条前端不能形成木质化的部分剪除，可控制秋梢生长，促使后部枝条木质化，以增强树木越冬时的抗性。但时间要掌握在剪后不要萌发出新枝、芽，特别是在后秋气温较高、雨水多的年份，剪后容易发生再度萌动，效果将适得其反。如果时间掌握不准，可以做些轻度摘心，促使后部枝芽充实。

另外对休眠期修剪易出现伤流的树种，如槭树科、核桃科、松科、柏科等树种。这些树木整形修剪的最佳时期，应在秋季树木停止生长前或是早春树木开始生长时。因这些树木的树液在休眠期仍在缓慢流动，修剪伤口会对树体造成伤害。

上述生长季修剪多用于特殊造型 (如盆栽及图案、造型、绿篱等) 与观花、观果树上；自然生长绿化观赏树木，夏剪主要是解决植株生长过旺、树体通风透光不良；生长季修剪在高大遮阴乔木上用于去除过多分蘖或遇到特殊病虫害、自然灾害及干枯、死枝等情况。一般整形、更新树木时，不要在生长季节修剪，因为它对树势生长影响太大。

总之一年当中的修剪要服从树木的生长、发育习性，应掌握春、夏、秋、冬四季修剪对树木作用的不同。概括说：冬剪是基础，主要以整形为主；夏剪是调整树木的生长，以解决通风、透光以及满足特殊图案及造型为要求；春、秋修剪是对冬季修剪的巩固和补充。

槭树科 (枫树类) 休眠期也不可修剪

元宝枫冬季伤流

核桃冬季伤流

第二节　树洞的形成与修复及锯口、伤口的处理

在园林树木养护工作中，特别是在一些历史悠久的名胜古迹游览地区，常遇到生长数百年乃至上千年的古树名木，成为人们瞻仰、观赏的景点，它们是活的文物，是无价之宝。但是在古老的树木上常有树洞为害，所以避免树洞的形成与修复树洞成为园林树木养护的一项重要任务。

一、树洞的形成与减少树洞的形成

1. 树洞形成的原因

树洞是因木质部腐烂而形成的。园林树木为多年生植物，其寿命多达数十或数百年以上，在其长久的生长过程中，树木会遇到各种自然灾害以及人为损伤事件，造成木质部裸露，久而久之腐烂形成树洞。

（1）自然因素形成的树洞

树木在多年的生长过程中，会因为恶劣气象灾害，如暴风、骤雨、雷击、冰雹、雪灾等，造成树木枝干断裂、树皮遭到破坏，再加之管理修复工作的疏漏，伤口得不到及时修复处理，延误了形成愈伤组织的最佳时期（造成伤口的第一个生长年段为愈伤最佳时期）。木质部逐年在风雨尘露、菌类的侵蚀下渐渐腐烂；或是因病虫为害使枝干死亡，历年累月形成树洞。

没有树皮的保护木质部极容易腐烂形成空洞

树洞形成的前期

树干断裂没有及时修复，如同木钉在树上，该树势生长很旺但却包不住高高的树橛，橛子将逐年腐朽形成树洞

古树干断裂不及时修复，死橛腐烂
是形成树洞的前提

弃管古树上枯枝不能及时修除，日
久腐烂进而成洞

树橛使树干输导组织死亡，树皮脱
落，木质部裸露腐朽，该株树遇有
风雨灾害难免

上边树洞使整棵树干内木质部腐烂，
只有边材支撑树冠，遇有风雨自然
灾害50厘米胸径的槐树腰折

柳树橛腐烂脱落形成树洞，另一树
橛也将形成洞

（2）人为原因形成的树洞

1）树木在年长日久的生长过程中，会遇到人们在各种社会活动中的损伤与破坏，进而形成树洞。

2）再者是修树工作者在锯口处留树橛，意在保护伤口，却是大大伤害树木的祸首。一方面因树橛失去活力年久腐朽逐渐传到树干形成树洞，另一方面，死橛阻断了皮部的输导组织，造成树橛下面的树皮脱落，木质部外露久而腐烂。

3）在现实树木修剪工作中，对幼龄树木修剪，为求枝叶茂密，留主枝过多，忽略对长远树冠的整形规划，待树木长大主枝变粗后，发现树干过密、过多需要疏除，此举必然出现大型锯口，不能很快愈合造成木质部长久外露腐烂，极易形成树洞。

留橛成为修树人的习惯，形成树洞就成必然

只在锯口下方一边留枝，无枝处腐烂，下面树枝遇风雨就很难保全

该种锯口看似很平，但落锯方向不对，它截断了树液的流通，锯口不易愈合

图中的两个锯口，一个愈合，另一个尽管锯口处已形成愈伤组织，但包不住高橛子，最后腐烂成洞

锯口在两个大枝中间本是很容易愈合的，但由于树橛太高，树再努力生长也包不住太高的死橛，腐烂成洞不可避免

仅留橛，锯口还劈裂，更容易进注雨水尘菌，木质部腐烂增快

槐树锯口不合理，伤及下面树皮

槐树锯口劈裂，树皮脱落，木质腐烂，形成树洞。该锯口周边均形成愈伤组织，只因缺少背口锯，树皮脱落，伤口不能愈合

锯口不能及时愈合，截断皮部树液流通使树皮脱落，多年后树干成空洞

锯除的树干粗度占全树粗度近一半，而且留有树橛，造成树皮脱落，"去大必伤，遇伤易亡"

一个小树橛使下面树皮输导组织死裂，进而木质部裸露，年久后腐烂成空洞

该锯口所留树橛断流了输导组织，所以伤口不能愈合，逐年腐朽即会形成树洞

大枝干缺少背口锯，将毁整株树

柳树橛多年后腐烂，不可能再愈合，将来必形成大树洞

2. 如何减少与避免树洞的形成

树洞是因为木质部的腐烂才形成的，树皮是保护木质部的唯一屏障。树洞多是因树皮遭到破坏，木质部长年裸露在自然环境中，逐渐腐朽而形成的。所以保护树皮是避免树洞形成的主要方法，只要有完整健康的树皮，不让木质部裸露是预防树洞形成的最有效措施。

（1）古树养护中如何避免出现树洞

首先是在古树出现伤口时要及时修复处理，避免木质部长期裸露在外，从而树洞就会大大减少或不复存在。其次是要避免或减少古树因气象灾害而出现伤口，这就需要适时对古树做冠幅整修，古树多年不修，极容易枝干密而零乱，不仅易受病虫为害，遇到风雨、冰雹、雷电等自然灾害更易折枝、断裂甚至倒伏。

古树在修整过程中要针对不同树种与存在的不同问题，采用不同的方法，适时、适量、适度修整。主要针对那些将要衰老或即将要干枯、有病虫为害以及过度密集枝、死杈、下垂枝干，适度减轻冠幅的枝干数量。还要特别注意保护剪锯口，缩剪锯口最好要小于或等于留用枝的粗度，并且要尽可能不破坏古树的树姿风貌。

再者是注重对古树的肥、水管理，同时结合根部修剪促生新根，并采取病虫害的防治与复壮措施。有时为保护某些枝干姿态需要支、拉、撑等措施，另外改善古树的生存环境十分重要。总之古树需要有专业人员及时关照养护才好。

（2）现实树木修剪工作中应注意的问题

1）树木整形修剪要有规划：园林树木定植后对树冠要有整形规划，树冠的主要枝干数量、方位要有长远安排。不可只为小树枝冠茂密留用过多的主枝，而忽略成年后枝干长粗，因过多枝干需要疏掉，必将形成大型伤及树势的锯口。俗称为"锯大干必有伤，遇大伤树易亡"，特别是对修剪较为敏感的树种。

2）锯口下留萌蘖枝：在大锯口处因受到刺激常萌发出小枝条，要适当留用，它可以帮助锯口愈合，更主要是保护锯口下面树皮输导组织良好畅通，不使锯口下树皮脱落。如果怕该枝生长太大，可以用修剪控其生长范围。

3）严禁锯口留橛：特别是快长树木锯口不可留树橛，这应成为操作规范内容。

如果做到幼小树整形修剪有长远规划，不造成多年后大枝干去除时形成的大伤口，疏剪锯口不留树橛，则树洞就会大大减少，树木寿命就会延长（请见槐树合理修剪照片）。

二、树洞的修复

随着逐年时光的变迁，总会有天灾人祸的降临，树洞完全避免不太可能，所以修复树洞工作也就成为树木养护工作的必然需要。大型树洞的处理措施如下：

（1）清理树洞。将洞内的木屑、虫粪腐烂物清理干净，树洞内壁上的腐朽部分也要刮除，直至见到质地优良的木质部，不可破坏健康的木质部。

（2）用高压水枪将洞内壁冲刷干净，再将内壁风干。

（3）在洞内壁上喷两遍消毒液（波尔多液或硫酸铜液），待风干后再喷两遍清漆。

（4）清漆风干后，在洞内竖立5～10厘米直径的塑料管，管壁上打多个小孔洞，并使塑料管的两头露出在树洞的外部。目的是使树洞内通风、保持干燥，不易滋生腐蚀菌。

如树洞过大，其洞壁活组织不足以支撑树冠时，还要做树体的支撑与加固工作。

（5）在洞口处的树皮内拉设不锈钢丝网或铅丝网，网上挂无纺布（洞内仍然为空的）。

（6）在无纺布上抹一层特制水泥（北京文华实业园林公司特制）。

（7）再往水泥上喷聚氨酯填充；同时把事先风干的树皮贴上去。注意：要使新贴树皮与洞旁的健康树皮高低、颜色一致（树皮要事先风干准备好）。

（8）再往贴好的树皮上喷两遍二丁酯。

（9）以后每年要注意随时检查、修补。

（注：上述方法由北京植物园熊德平提供）

树洞人工修复后

北植槐树洞修复 1

北植槐树洞修复 2

北植槐树洞修复 3

北植槐树洞修复留有通气口

三、锯口与伤口的处理

（一）对锯口的要求

1. 疏枝时锯口位置

疏除大枝干锯口要落在"皮脊"处，一般锯口与锯掉的枝干成垂直角下锯（v 形枝干除外），形成一斜面。如有"枝领"的树干，锯口直向"枝领"的前端。大小锯口要求"端正、缩平、光滑"。锯口边缘必须用刀、剪修理，使皮层与形成层部位光洁无毛茬，便易形成愈伤组织。

2. 锯口的处理

慢生珍贵树种与对剪、锯口敏感的树种直径 5 厘米以上的锯口；及速生树种 10 厘米以上的锯口要涂消毒液、生长素，再用保护剂类药物覆盖伤口。

（二）对树皮伤口的处理

如只有树皮破裂（不成树洞）的伤口，最好修成竖向菱形状，边缘要光洁，随后消毒并涂生长素类药剂，同时注意保护伤口。以后每年要进行检查，并在生长季节对新生组织涂抹生长素药物数次较好。如果愈伤组织出现老化树皮时，要对伤口周边老化表皮给予刮除直到韧皮部新茬，再行消毒、涂生长素，以促使愈合，连续数年做下去，直至伤口郁闭。

四、树木伤口的桥接与给树木创造自身修复环境

在珍贵或有历史价值的古老树上遇到树皮残伤与树洞时可以行使"桥接"或"靠接"来保护树木。

在多年工作实践中见到树木具有很强的自行修复伤口的能力，只要外界环境适合就会从伤口处生长具有补救作用的新根，来弥补其伤口。本人曾在 1 米高的苹果树干伤口处堆积大量湿土，两年后树根从 1 米高的伤口处扎向了地面。现将曾遇到的树木自己修复伤口的情况以照片供参考。

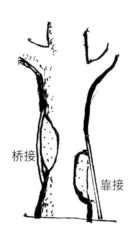

人工靠接　　　　　　　　人工桥接　　　　　　伤口的桥接与靠接（图片来源：
《北方果树》）

树根蘖自然修复伤口　　　　用根蘖修复树皮　　　　树木自然桥接弥补伤口

古树自己桥接修复腐烂伤口，　　槐树自身修复能力　　　　槐树自己生出不定根来修复伤口
但缺人工帮助

　　综上所述首先是避免造成大型伤口，其次是遇到较大伤口要及时修复保护，这是减少树洞的最好方法。

五、几种保护伤口的常用药剂

（一）刺激生长的药剂

生长素类药剂、愈伤剂、农抗 120、0.1% 萘乙酸、伤口涂补剂等。

（二）几种常用消毒剂

（1）4% 硫酸铜溶液。

（2）石硫合剂原液。　注意不要用铜器，不宜与波尔多混用。

（3）波尔多液。注意随用随配，24 小时用完。

（4）工业硫酸。

（三）几种常用保护伤口的药剂及其制作

（1）接蜡：是一种很好的伤口保护剂。液体接蜡使用猪油、酒精、松节油、松香配制，配比为 2∶2∶1∶6。

制作方法：松香与猪油锅中加热融化并不停搅动，融化后离火稍冷却再慢慢加入酒精和松节油并不停搅拌，使之呈均匀黏稠液体状。即可装瓶并密封备用。嫁接树木、保存接穗也可应用，方便、效果好。

（2）桐油、调和漆、煤焦油以及波尔多浆也可应用。

（3）清松合剂：清漆与松香按 1∶1 混合。先把清漆（透明漆）加热沸腾，再把松香粉慢慢加入搅拌均匀即可用。冬季多加清漆，热天多放松香。

（4）豆油锅中烧沸后，将硫酸铜细粉与熟石灰加入油中搅拌均匀、冷却后可用。

（刘育俭 摄）

第三章

北方地区常见园林乔木的修剪

一、毛白杨（响杨） *Populus tomentosa*

（一）形态

大型乔木，树高可达 20 ～ 30 米，胸径可达 1 ～ 2 米，树干通直，为有主轴树木。幼龄树形近圆锥形或柱形，中、老年树形卵圆形或长卵形。

雌雄异株。雄株：幼龄枝干多斜生，皮光滑不裂，老树皮有纵裂，树皮色偏青灰，或灰绿至灰褐色基部黑色，皮孔稍大而方或成菱形；小枝圆筒形，灰褐色；枝条有长枝、短枝，成、老年树上有多达数年乃至 10 多年生短枝脱落现象；叶片大，呈三角形，初生叶片背面有白绒毛，后脱落；冬芽卵状锥形，花芽大而密，北京地区花期在 3 月中旬。雌株：枝条比雄株细些，幼龄枝干角度较雄株开展，皮色偏翠绿；老龄树皮灰白色，皮孔小而扁。叶背少或无白绒毛；花芽小，北京地区约在 4 月中飞杨絮，比雄株花晚开 20 ～ 30 天，自然授粉种子极少，多用根蘖、埋条等无性繁殖。

毛白杨片林

毛白杨林荫道

毛白杨是北京地区主要观赏树种，树形高大，广阔浓绿的叶片在微风中哗哗作响，故有响杨之称。树干灰白、端直，颇具雄伟气魄。不论是孤植遮阴，还是植于旷地与草坪、广场，均能形成其特有的雄伟风姿。植于干道路旁可形成林荫大道，或是成片群林，也是工厂绿化与防风林带不可缺少的树种。毛白杨是北京地区的速生、乡土树种之一，华北、华中、西南各省均有生长。

（二）生长习性

喜阳，适宜凉爽温润气候。喜深厚肥沃、湿润的土壤，对土壤要求不严，黏土、壤土、沙壤土或低湿轻微盐碱地上均可生长，但炉渣、重石灰土、特别干贫与低洼积水处生长不良。其幼、青龄时期干性较强，30 ~ 50 年树龄即见衰老现象出现。

自然生长的毛白杨雌株树形

顶芽

腋芽

节间

节

毛白杨的枝、芽（图片来源：《植物学》）

（三）修剪

1. 整形阶段修剪

毛白杨干性较强，幼龄树是较为耐修剪的树。树形为有中干树种，整个生命期，幼、青、老龄树各阶段均应保护中干，特别是幼、青树龄不要抹头截干。

新移栽树木对中央主头要保留，中干上其余的枝条短截为主，从树冠基部，即分枝点处的枝条选留生长健壮的枝作为永久性的主枝，并将其适当短截（留枝长度 50~150 厘米），着生方位要分布在中干的四周，树冠低层的枝条适当截留长些，向上逐步截留短些，使冠形成为圆锥形。幼、青树龄主枝可多留些，随树龄增长，视枝、干的稀密度再选留数个永久性的主枝加以培养，一般主枝与主枝的间距保持在 100~150 厘米，其角度依自然生长即可，一般不大于 45°，各主枝错落，也可对生与轮生在中干周围，既方便上树作业又充分利用空间。通常主枝上直接生成冠枝，不再培养较大的侧枝。

对劈裂的树枝、树根应剪除，毛白杨伤根极容易腐烂。定植后的树木要根据环境确定分枝点的高度，不要将分枝点剃得太高，如果环境需要可以随着树木生长的高度逐步提高分枝高度。

2. 养护期间的修剪

养护期间首先是要保持分枝点的高度应在树高的 1/3 以下为好，树冠高度小于树高的 1/3 就会影响树木的生长速度。

其次是要识别历年培养的骨干枝，并应继续加强对中干与主枝的保护和培养，不可随意修除永久性主枝和疏除主枝上过多的冠枝。毛白杨主枝上常会出现直立徒长枝条，在青、中树龄时期应当选留控制、部分疏除，但不可全部疏光。对中龄后期、近老龄树上出现主枝角度下垂时，则应培养直立枝，用其更新换头，特别是在树木向心更新时期要及时培养并回缩到直立枝前端，将衰老枝、下垂枝缩剪，这是延长毛白杨树体寿命的良好时机。老龄毛白杨是不耐抹头、截干修剪的树种，老树进行大更新比较困难，特别对多年生的粗大中干抹头反应不良，对大伤口愈合也不太好，用抹掉中心干更新树冠较少能见到有成效的树形，即使在锯口处萌发数根新条也恢复不了毛白杨的树姿风貌，且极易出现大面积的腐烂病。

总之毛白杨的修剪从幼龄直至老衰，不论哪个时间段保护其中干与主枝的生长旺盛都是重要任务，主要修剪干枯、病虫、交杈、重叠枝条。

下面就现实园林工作中对毛白杨树修剪存在的不合理现象，以一组照片提出自己的拙见供参考。

毛白杨高龄树不适合大锯大砍，并没有出现新条，且引起腐烂病，破坏了树冠

新植毛白杨合理的修剪

新植毛白杨树上截头，下部小枝疏光，不可取

毛白杨砍头效果不佳

毛白杨分枝点不要过高，冠枝量太少将严重影响树势
与观赏效果，使干、冠比失调

毛白杨主枝上不留冠枝，叶片大量减少，叶幕密度
不够，不仅影响绿化与观赏效果，同时削弱生长势

毛白杨大型锯口使树冠零乱且得腐烂
病，木质部腐烂将使树干成空洞

该毛白杨生长势还很旺，大抹头使顶端全得腐烂病，冠形难复原

毛白杨修剪示意，将下垂枝回缩抬高角度增强树势

常见病虫害

多种蚜虫、叶螨、四脚瘿螨、美国白蛾、杨柳透翅蛾、杨天社蛾、桑天牛、光肩星天牛、杨树灰斑病、锈病、炭疽病、破腹病、根癌病、腐烂病、溃疡病等。

二、加拿大杨（加杨） *Populus × canadensis*

（一）形态

　　落叶乔木，树高可达30米，胸径可达1米，树体高大，冠形宽阔，枝干向上较为开展，树冠呈卵圆形。树皮灰褐色，粗糙，老皮纵裂。小枝圆筒形，黄褐色。冬芽褐色，圆锥形，先端长尖不贴枝条，具黏质。叶大具光泽，近正三角形，先端渐尖，基部截形，具钝齿，两面无毛，叶柄扁长，在叶柄下具3条棱脊，有时具腺体。雌雄异株。

　　加杨夏季叶绿荫浓，适合行道树以及庭院、厂矿、防风林应用。是20世纪五六十年代北京园林主栽树种之一，现存加杨仍生长良好，寿命也较毛白杨长。加杨木材是造纸、箱板等建材用料，应为发展树种。

（二）生长习性

　　加杨系美洲与欧洲两种黑杨自然杂交种，具有明显的杂交优势，生长势与适应性均较强。性喜阳光、耐寒，喜湿润而排水良好的土壤，对水涝、盐碱和瘠薄土地均有一定耐性，不耐干旱。对二氧化硫抗性强，并有吸收能力。

加杨行道树

主要病虫害

星天牛、光肩星天牛、薄翅锯天牛、杨天社蛾、杨柳透翅蛾、天幕毛虫、美国白蛾、杨雪毒蛾、刺蛾、蚜虫、叶螨、溃疡病等，早期落叶病。

加杨冠形为多主干

（三）修剪

　　加杨的萌发率、成枝率均较高，比毛白杨耐修剪，特别是老龄时抹干更新可以形成新冠，而且大锯口处不易得腐烂病。幼龄树中心干优势显著，但是到成年时期中心干生长优势不再明显，常常分为数根粗大枝干并存，所以冠形宽阔。新植低龄小树修剪时要保持中心干的优势，修剪方法与毛白杨相似。成年树木养护期间修剪时不必过度在扶持中心干的优势上下功夫，只要及时修除交叉、重叠、密集、病虫、干枯死枝，让其自然生长成冠即可。老龄衰弱树木可以在较大枝干上重截、更新形成新树冠，对锯口下丛生新枝条要做选留与疏除，不可全部放任弃管。对大锯口要行使保护措施。

加杨较耐修剪，抹干可生出较旺枝条且没有腐烂病，充分显示杂交优势

加杨分枝点提得太高不仅影响树势且严重影响观赏

三、新疆杨　*Populus bolleana*

（一）形态

乔木，有主轴，高达 35 米左右。冠枝直立向上有小弯曲而紧包中干，不能形成粗大的主枝，树冠为圆柱形。干皮灰绿色，老时灰白色，光滑，较少开裂。叶有粗钝齿或波状齿与缺刻裂，背初有白色绒毛。新疆杨为优美的风景树、行道树及"四旁"绿化树种。主要分布在新疆，尤以南疆地区较多，近年我国北方地区多有引种，生长良好。

近年北京常见有一种据说是毛白杨与新疆杨的杂交树种，称为"毛新杨"。树形颇像新疆杨，比新疆杨枝条略有开展，小枝少弯曲。树形柱状，作为行道树种植可形成高高的绿墙，非常漂亮。

新疆杨行道树

新疆杨（图片来源：刘育俭）

（二）生长习性

喜光，耐干旱，耐盐渍。适应大陆性气候，生长快，根系较深，萌发力强，对烟尘有一定的抗性。在高温多雨地区生长不良。

新疆杨中青树龄树形

毛新杨自然树形

四、钻天杨　*Populus nigra* 'Italica'

（一）形态

乔木，高达 30 米，树冠圆柱形。树皮灰褐色，老时纵裂。枝条贴近中干直立向上，一年生枝黄绿色或黄棕色。冬芽贴枝，有黏胶。叶扁三角形，先端突尖，基部截形，钝锯齿。植于堤、湖、河边，有高耸挺拔之感，加之水中倒影，很让人喜爱。广布于欧洲、亚洲以及北美洲，我国华北、西北至长江流域均有栽培。

（二）生长习性

喜光，耐寒，喜水湿土壤，不太耐干旱，耐空气干燥和轻盐碱。生长快，但寿命短，40 年左右即见衰老。抗病虫能力较差。

钻天杨孤植形态

常见病虫害

星天牛、光肩星天牛、薄翅锯天牛、杨扇舟蛾、刺蛾、蚜虫、叶螨等。

（三）修剪

　　钻天杨与新疆杨树形相近，生长相仿，均为枝条密集紧抱中干，树冠柱状、冠幅不大，在种植时其株间距要小一些。两者萌发力都很强，耐修剪，其修剪方法基本相同。钻天杨一般在新移植时可以疏除密集枝，短截强壮枝，树冠基部枝条留长一些，向上逐渐截短些。钻天杨冠幅较窄，分枝点不宜太高而要留低一些较好。养护期间注意病虫害防治，除有干、枯、病死枝需要修除外，一般任其自然生长，形成自然树冠，不必进行人为干预。

自然生长的钻天杨有主轴树姿，较为喜水湿

钻天杨自然树形，没有枯、死、病枝
不必修剪，且分枝点不要提得太高

五、槐树（国槐） *Sophora japonica*

（一）形态

乔木，树高 15 ~ 25 米，胸径可达 1 ~ 2 米。树冠无中干、圆形、宽阔，枝繁叶茂，遮阴浓密。老枝、干树皮暗灰、黑色，块状深裂，小枝绿色，一年生枝条顶芽自枯，顶端可自然分枝 3 ~ 6 条。奇数羽状复叶，叶柄下具芽，芽被青紫色毛，芽具早熟性。当年生枝条开花，圆锥花序顶升，花浅黄、乳白、带绿色，花期恰逢北京地区树木花少的夏季。荚果肉质，串珠状，宿存，不裂、不脱落。为优良的园林树种。

槐树生长健壮，非常适应北方的立地环境，因有众多优良特性，深受人们的喜爱，被选为北京市树。近几年随着园林绿化事业的迅速发展，不论庭院、绿地，还是道路两旁，槐树的种植数量越来越大，其在北京城市园林绿化中有举足轻重的地位。我国广大地区也多有种植，南从两广北到辽南，东始沿海西至川、甘、滇等地，尤为华北地区的乡土树种之一；原产我国，在邻国朝鲜、日本、韩国也有分布。

（二）生长习性

深根树种，根系发达，适应性强，中速生长，寿命长。喜光，略耐阴，喜干凉气候，喜深厚、排水良好的沙质壤土，在炉灰渣土、微石灰性、微酸性及轻微盐碱土壤中也能正常生长。但在干燥、贫瘠山区及低洼积水处生长不良，怕水涝。耐烟尘，对二氧化硫、氯气等均有较强的抗性。

槐树顶芽自枯后可以自然生出新条

古槐自然树态

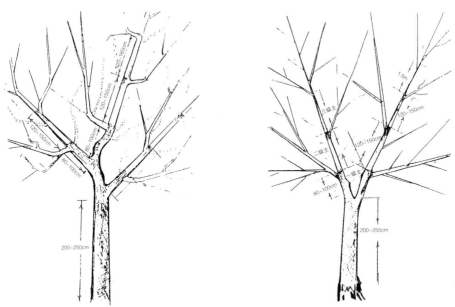

槐树人工造型结构示意图（虚线为原有枝被逐年修除）

槐树主枝上的侧枝排列较为合理

（三）修剪

　　槐树冠幅宽阔，栽种间距应适当加大，一般需要 6 ~ 8 米才好，以使枝干能够伸展开。槐树萌发率、成枝率均较高。是非常耐修剪的树种，多年生的粗干抹头仍可以生出健壮丰茂树冠。 槐树的枝条没有顶芽，为自然截顶，在一年生枝条前端都会自然生出数个分枝，其分枝数量如同轻度剪截，不必为增加分枝数量过多使用短截，有时还需要间疏其细弱枝条。槐树的整体修剪要以疏、缩为主，短截为辅。槐树干内部失去活力的木质部遇有雨水时，容易腐烂形成树洞，所以修剪时应避免形成大的伤口，不使木质部外露。

　　槐树的整形修剪如下：

1. 定干高度

　　出圃前要把树木干高培养好。槐树的分枝点高度：行道树要高一些，不低于 2 ~ 2.5 米为好，庭园、绿地种植时可以适当低些。其方法：一般在苗圃 2 ~ 3 年生树苗时，从地面树干基部处平茬抹干，在加强肥水管理的条件下，苗干当年生长高度可达到 2 米左右，这样可以使树干茁壮直顺，较适宜选作行道树用。

2. 主枝的培养

　　定干后需要培育主枝，从分枝点处选留 2 ~ 3 个生长健壮、方位较好的枝条，可以是邻节、邻近或错落较远的 3 个主枝，也可以只选用 2 个主枝，作为永久性的主枝培养，其角度依其自然生长即可，行道树一般不大于 45° 较为理想，以防老龄枝干下垂影响交通。如果主枝生长角度过小，可把侧枝或枝组留在外侧。新植树木，当年枝生长不达 80 厘米时，可以不必短截，让其自然生长较好。

　　注意：整形期间其主枝数量虽然要求不超过 3 个，但新植幼树不可只留 2 ~ 3 个主枝，把多余枝条全部疏除；而要对其行间疏，留部分非主枝以辅助幼树生长，等树冠成形时再把多余枝干去掉；期间如果非主枝条的生长与留用主枝产生竞争时，就要打头控制非主枝的生长。

3. 侧枝的培养

　　槐树逐年生长过程中要在主枝两侧培养侧枝，第一侧枝从分枝点向上 80 ~ 100 厘米，行道树定干不够 2 米高度，可把第一侧枝适当再提高些。各主枝上的一、二侧枝，相距

30 ~ 40 厘米，排在该主枝两侧；同侧侧枝以 80 ~ 150 厘米的间距为好。在选留侧枝时，如果该主枝当年长度超过 1.5 米时，就要在 1.5 米处短截，可以促生侧枝。每主枝上的侧枝数量不必苛求，随主枝生长长度而定，一般多为 2 ~ 3 个。侧枝角度应略大于该主枝角度，其长度要略短于主枝头，方位应视树冠的空间以不互相干扰为好。选留主、侧枝要有长远规划，不可随意更改。

4. 冠枝组

冠枝组前文已确认过，即着生叶片的枝为枝条，着生数根枝条的枝为枝组，再由枝组形成树冠。每个主、侧枝的上、下、前、后只要有空间均应直接着生有冠枝组，不必再培育较大的副侧枝。枝组的培养方法前文已作介绍。

5. 整形时辅养枝的应用

这里再强调辅养枝的作用，不仅低龄小树在培养主、侧枝的过程中，必须要留些辅养枝，而且辅养枝留用要贯穿在整个树木的整形过程中，它们是辅助小树生长的主力。如果所留辅养枝生长过旺影响了选留主、侧枝的生长，可用修剪方法对其进行控制，等到所选留主、侧枝长大成冠时，再将辅养枝去除。如辅养枝量过大，要先行削弱后再逐年将其除掉，以免造成过大、过多的伤口，同时避免了当年修剪枝量过大，影响树木生长。

槐树结构：树干高度在 2 米左右，视栽植环境而定。分枝点处选留 2 ~ 3 个永久性主枝，其角度不要大于 45°。各主枝左右两侧留 2 ~ 3 个侧枝。在每一主、侧枝的上、下、前、后，视空间培养大小不同、数量不等的冠枝组。

6. 养护期间的修剪

随着树木生长要继续培养巩固各级主、侧枝，促使各级骨干枝永久坚固，对多年培养的主、侧枝，不可随意变更或削弱。再者是对后部的冠枝组要培育、复壮使其长久留存。树冠成形以后，要视空间的大小逐年调整或清除密集的辅养枝，有空间的辅养枝可以长期保留或变为永久性枝组，使树体形成立体叶幕。

养护期间对老、弱树木要合理使用抑前促后的缩剪方法，使冠内主、侧后部的冠枝不衰，这是保证树冠能有立体叶幕的重要措施。老龄槐树后部常有不定芽萌发成枝，对此注意适当培养保留，不可统统清除。该时期，主枝常有枝头低垂现象出现，这时可利用培养主、侧枝背上的直立枝组更新换头，使其旺盛延年。此外病虫枝、干枯枝、死杈也是此时的修剪对象。

在历年养护期修剪过程中，一般当年修除枝干数量，应在总冠枝量的 1/5 ~ 1/3 比较合理。

修剪工作中应注意避免大伤口出现，一旦发生应及时修平伤口，并涂生长激素类药剂促生愈合，同时用保护剂覆盖伤口，不让雨水渗入以免木质部腐烂形成树洞。已经形成的树洞要及早补洞、修复。修剪过程中如遇有大的伤口时，周边不定芽常萌生成新条，它可以帮助愈合伤口，不可全疏除，必要时还可以用它桥接。

7. 大树移植时的修剪

槐树容易成活，常有大树移植，此时修剪枝量要大些，最好使用缩剪方法调整冠幅，注意选留好主、侧枝，不可盲目截干或胡乱修剪。栽后如果当年萌发的新枝梢生长较弱，冬季修剪可以不行使短截，等到树势恢复正常生长时再行整修。截干后大锯口处必然生出众多新蘗，当年除蘗时对多余的分蘗枝只可以间疏不可全除，锯口周边必须留枝，以保持锯口四周树皮不失去活力，保护新枝冠不易被风劈裂。

总之槐树的修剪：幼、青树龄主要任务是骨架主、侧枝的长远安排和枝组的培育。在槐树的修剪过程中要以疏剪为主，适当短截形成立体叶幕。老龄树与新植树木，适当应用缩剪，兼用疏除衰弱枝条使树势复壮。

园林中用于观赏高大遮阴槐树在养护期间不必年年修剪，视情况每隔 1 ~ 2 年修整一次即可。树冠枝量不要过密，在生长季节用肉眼可以穿透树冠为好，否则容易产生风、雨灾害与病虫为害。

另外槐树修剪时忌讳修剪人员站在分支点处将主枝上的小枝统统疏光。同时切忌大伤口、锯口下要留树橛。

槐树修剪示意

中龄槐树修剪示意

高龄槐枝头易下垂，抬高角度增强树势

大槐树部分冠枝修剪示意

因削平伤口大于留用枝，应在伤口处涂抹防护剂与生长素药剂，再用小枝桥接

中龄槐树四强枝干修剪示意，白箭头所指为第二年去除

不留橛愈合，橙色箭头所指留橛树皮劈裂（红色箭头：错误的留橛、伤皮；黄色箭头：锯口合理、伤口愈合）

只要伤口周边形成愈伤组织就不会使树干脱皮，但大型锯口较难一两年全愈合，还应采取措施让它年年增生愈合组织

两枝间的伤锯口容易愈合，工作中常用的修剪方法（三去中）

槐树修剪合理的锯口（1）

槐树大锯口处虽有皮裂但萌蘖可帮助愈伤

锯口在两枝中间容易愈合且又萌生新枝条，使树皮不死亡、不脱皮，但要控制新蘖的生长量

锯口下留枝可以帮助促生愈伤组织，是正确的，但要控制其生长量

锯口平缩容易愈合，每年应涂抹生长素类药剂并覆盖以保护木质部不让其外露

槐树修剪合理的锯口（2）

槐树不合理修剪示意

树的一侧数个锯橛，造成整树伤

该锯留橛且缺少背口锯使树皮劈裂，进而伤口更难愈合

一橛伤全树

留一橛首先使树皮脱落，多年后木质部腐烂，最后树干空腹

槐树干同一侧连续锯除大干且锯口都留有树橛，其后果使整棵大树遭殃

同侧留数个橛伤害整株树，锯锯都留橛，该树可能是先有一两个橛导致同侧树干全死亡

该树伤亡全因修剪不当造成

留树橛的害处

大伤口留橛，萌生新枝可帮助愈合，应缓养，如果日后生长过大可以控制其生长，该修剪橛上再留橛明年将是一蓬乱枝

该枝干因虫害而锯掉，但锯口下方小枝应保留可帮助愈伤

伤口橛上新枝全部剪除不合理，极易使锯口下输导组织死亡，大型锯口处萌生几个小枝条并不可怕

锯口下未留新条帮助伤口愈合

修除大干缺少背口锯使树皮劈裂，下部萌生小枝不应全部疏掉

因修剪不当树危在旦夕，应抓紧修树橛、补树洞，只做拉绳救不了树的生命

梳光主枝上的树枝不合理

新植槐树下部疏枝过多影响树液提升，既不好看又伤树势，还不好管理

行道树主枝角度过大影响交通且树皮受伤

行道树主枝角度不宜过大，避免影响交通

《北青报》说："怪树，该树栽倒了"(图片来源:《北青报》)

此片为前片《北青报》说："怪树，该树栽倒了"夏季的树形，树冠乱作一团 （图片来源:《北青报》）

大树更新来年不要留枝太少，否则树液流通不畅，此更新方法对树势伤害极大

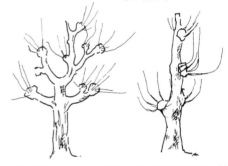

该种错误修剪大大伤害树木生长(图片来源:《树木生态与养护》)

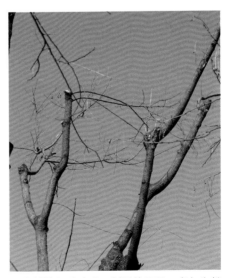

该树冠连年重剪，根部养分无处释放，树干憋出众多疙瘩

刚刚大抹头更新后，枝条正要形成新树冠，不应该再重度回缩而且还是截大干甩小辫，将使树木无从生长

中青树龄如此砍头，树形垮且乱，多年生长的枝干就此消失了

古槐树应修复补洞

缺少背口锯，锯口难愈合

槐树锯口缺少背口锯使树皮劈裂进而脱落，锯口不能愈合，木质部裸露腐烂形成树洞

粗大锯口只一侧留枝条极容易被风折伤，被锯干上无枝一侧树皮已腐朽生出木耳

　　槐树为北京园林常见树种，笔者多年观察，见到个别管理者对该树修剪不太合理的现象，现结合实际照片提出个人意见供讨论。

1. 幼树修剪缺少整形规划

　　定植后只为幼树冠枝叶丰满，冠、枝量增多，采用连续 3 ~ 4 年重短截，在不到 1 米空间范围内形成 10 多个主枝，四年后甩放不剪。

　　该种修剪方法缺点如下：

　　（1）连续重剪 3 ~ 4 年，枝枝只留 20 ~ 40 厘米重截，每一剪口下枝条数量成倍增加，3 ~ 4 年下来形成枝干 10 多根，冠径却在 1 米左右。4 年后不再修剪，由于连年重截压制树冠生长，突然大甩放，树冠必然猛长，导致当年的枝干达 4 ~ 5 米之长。由于主枝基部原来就没有永久性冠枝、叶片，再加之甩放长度，树冠内膛光溜溜 10 数根主干，不仅上树作业困难，更新回缩也找不到落锯的分枝权处。

　　（2）多年后由于形成主枝过多没有空间生成永久性侧、冠枝组，其主枝如同"杉槁"，树膛内只有数根主干，冠枝与叶片不容易生存，冠膛空旷只见粗干没有叶片，小枝、冠叶只生在树冠外围一薄层，不能形成立体叶幕。

　　（3）随时间的推移，数年后因主枝生长成粗大的十多个主干，过于密集需要疏除多余的干枝，就必然形成较多的大伤口，为以后形成树洞留下隐患，而且多年的时间与多年枝干生长量统统浪费掉。

槐主枝连续 3 ~ 4 年只留 20 厘米重截而且当年还重缩，树冠大大缩小

该树青年树龄正是生长旺期，猛然重压后甩放形成多主干，造成上密下空无枝，给以后留下诸多隐患

连年短截数年后弃管甩放形成丛状主干。产生以下危害：①冠密易上病虫；②将来冠膛小枝枯死不能形成立体叶幕；③树上作业困难；④主枝长粗后必然要疏除，造成伤锯口，为形成树洞留下隐患

小树定形时留枝过多，大树疏除枝干留下众多伤疤不能愈合，木质部长期裸露，将来有可能形成树洞

没道理的修剪（1）

整条大街的槐树连续重截 3～4 年，其冠幅本应达到 4～5 米，现在不到 1 米，大大影响遮阴与绿化效果

中龄槐树枝干粗壮，如此大抹头不知何为，给树木造成较大伤害

主干太多，枝冠上密但下部空无小枝，进树作业困难，现已经开始锯除枝干，多年后疏除更大枝干易形成大伤口与树洞

为减少过多的树干，树槭伤痕累累，枝干树体比例失调

前述多干树，为减少多余主干造成过多的伤口且树干上下粗度失调、树液流通不畅

没道理的修剪（2）

新植槐树连续 3 ~ 4 年新条只留 20 厘米重截，4 年后突然甩放不再修剪，新条多达几十条。①由于基部主干过多，将来必定要疏除，形成多个锯口，大大伤及树势；②甩放枝条当年长达 4 米，枝条的中部与基部无分枝，不能形成立体叶幕，上树作业也有困难

该修剪是站在分枝点处把够得着的基部枝条疏光，冠顶枝条不动，这样做不能形成立体叶幕

粗干抹头生出的新条应缓养，这样修剪何时成冠

青龄槐树重截枝干，树形凌乱不堪，树上作业极为困难，数年后极易形成枯枝并导致病虫害，如疏除部分大树干，会形成大伤口，进而伤及树势，还为形成树洞留下隐患

没道理的修剪（3）

这就是上述多主枝树冠的结果，由于主枝过多，数年后过于密集，现在锯除多余枝干，橛子、锯口累累树身，树木多年的生长量全没了，树要会说话一定大喊"不"

2. 强做树形

上述之外还有一种修剪方法是：对土壤深厚、生长健壮的行道槐树，从分点处只留三大主枝，要求其 45° 角生长，上下左右排侧枝，每年对生长多年的主、侧干行使重度缩截，对生长旺盛的主、侧枝干上的一、二年生新枝只留 40 ~ 50 厘米重短截，小枝全部疏除。如此连续近十年之久，形成如同大桃树一样的开心树形。这样的修剪大大影响了树木生长速度，推迟了绿化与遮阴效果，同时也失去了槐树原有自然冠形的风采。

如此回落到 3 ~ 5 年前的枝干上，留有细枝当头如同大管径水管前头接根细水管一样，水流肯定不畅

将行道国槐修成这样，失去槐树风貌，影响绿化遮阴效果，由于枝干角度过大，树老时还会影响交通

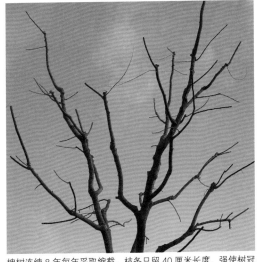

槐树连续 8 年每年采取缩截，枝条只留 40 厘米长度，强使树冠成为三主开心形，严重影响树冠扩大，实不可取

强做树形

槐树缩、疏、截太重，将大大影响树木生长，如同直径 30 厘米粗水管上接 1 ~ 2 根 4 分细管，必然水流不畅、管道崩漏。由于多年重压树势，萌生众多强条而乱冠，又用疏除重压，干上出现许多疙瘩

六、龙爪槐　*Sophora japonica* 'Pendula'

（一）树形

园林应用的龙爪槐，多为槐树高干做砧木嫁接，树冠矮小、伞形，多为一层，少有二层者。粗枝扭曲，小枝弯曲、下垂。龙爪槐为北方园林中常见的观赏树木，深受人们喜欢。

（二）习性

喜阳也能耐阴，生长旺盛，萌发成枝率均高，水、土、环境要求及枝、芽生长特性等等都与槐树相同。

（三）修剪

每年都需要修剪且为枝枝必剪。新嫁接树干顶端，选留数根强旺枝作为主枝短截培养（视接穗生长状况定其数量），在每主枝上的弯枝处分为双头，以后视空间大小，可单头也可以再分双头延伸，一般有 3 ～ 5 个主枝分布在树冠周围，最好一直延伸到冠径外围，在主枝上视空间选留培养小型侧枝或大、小枝组，形成扁圆形伞状树冠。其修剪方法以截、疏、缩为主。

修剪要点——视树势状况，缩剪枝头前边过旺枝条，疏除后部细弱枝，短截强壮枝条。剪口要落在枝条弯部的背上或两侧上方的芽前。树冠成形后如遇枝叶密集时可回缩、疏除多年生枝组，要使树冠舒展通透，可减少病虫危害。

常见病虫害

国槐尺蛾、桑褶翅尺蛾、槐羽舟蛾、国槐小卷蛾、槐潜细蛾、叶螨、槐蚜、槐木虱、桑白蚧、珠蚧、枣大球坚蚧、日本双棘长蠹、小褐木蠹蛾、刺角天牛、锈色粒肩天牛、黑星天牛、家绒天牛、巨胸脊虎天牛、槐吉丁虫、白粉病、腐烂病、根癌病等。

龙爪槐夏季应当修整一下

龙爪槐主枝基部疏除太重，前端枝条杂乱

龙爪槐修剪后

龙爪槐修成这样是否看着树条都不顺眼

龙爪槐冬剪前

龙爪槐树冠中心太空

七、刺槐（洋槐）　*Robinia pseudoacacia*

（一）形态

落叶乔木，高 10 ～ 25 米，胸径可达 1 米。树皮灰褐色，深纵裂。树冠椭圆形或倒卵形。小枝灰褐色，枝条上具托叶刺枝，叶柄下具芽，冬芽小，无鳞裸露，无顶芽。奇数羽状复叶，小叶对生。总状花序腋生下垂，具芳香，有白、红、香等数个品种，花期 4 月下旬 ～ 5 月上、中旬，荚果扁平带状。

原产美国，现欧、亚都有种植，我国引入 2 种，首先在青岛引进，后在全国尤以黄淮流域普遍栽培，为群众喜欢的树种，是北方地区较少的观花乔木之一，北京广泛应用于园林观赏。其木质坚硬，抗压力强，不怕水湿，不易腐烂，但容易曲翘、开裂。

（二）生长习性

强阳性树，喜光照充足和较温暖、干燥凉爽气候，不耐阴，萌发力强，稍有干性。早春萌芽较晚，秋天落叶较早。浅根性树木，侧根系发达，多为平行根，遇暴风雨易倒伏，不太适合做交通要道上的路树。根上有菌瘤，对土壤要求不严，适应性强，耐贫瘠，较耐干旱，不耐积水、怕涝。耐寒性略差，北京地区幼树有"哨条"现象，特别是香花刺槐遇有寒冬枝干常有"哨条"、干枯甚而开裂现象。幼、青龄树在前 10 年内生长快速，为速生树种，成、老龄树生长逐渐缓慢。其寿命相对于槐树较短，一般在 30 ～ 40 年后新梢短小、缺少生机，生长逐渐衰退。

（三）刺槐修剪

整形修剪：刺槐干、茎、根上的不定芽萌发力极强，非常耐修剪。一般苗圃中播种 4 ～ 5 年定干高在 1.5 ～ 2 米、树高 3 ～ 5 米时出圃。新栽树木应适当重修，即使带冠移植也应去掉枝冠的 1/3 以上。主枝 2 个为好。也可以在分枝点处选留 2 ～ 3 个主枝，取其中某一生长强壮主枝，向上 1 米左右再分生 1 ～ 2 个主枝，成为两层多主枝树形，第二层主枝要与一层主枝方位交错。以后随树木生长逐年在主枝上间隔 1 ～ 1.5 米处选留侧枝或大、小枝组，其方位、数量视空间而定，角度依自然生长为好。

养护期的修剪：定植后要注意选留、培养永久性主、侧枝与枝组，并适当留辅养枝占用空间。树冠成形后要使树冠枝干稀疏，使之通风透光。减轻树冠枝量，树冠不宜太密、太大，预防因根系浅遇风雨倒伏。

　　老龄树木修剪：刺槐寿命虽短，但枝干容易更新，可弥补其缺点。当发现新稍短小时要及时更新。其方法：首先应以缩剪枝、干为主，促使枝干萌生新枝，保持生长旺盛。衰老树也可以在较粗的枝干上抹干、截头，从而获得新生树冠，新生枝蘖要间疏，不可弃管形成丛枝乱冠。

　　注意：在养护期与老年时期的修剪都要以缩剪为主，缩剪时要牢记锯口与留用枝干比（1：1或1：2）。刺槐枝干虽然不易腐烂，但大型锯口周边仍要保留枝条，预防新生枝干遇风雨时在锯口处劈裂。

刺槐自然树冠。该树应缩前促后与疏除密乱枝，减轻树冠枝量

常见病虫害

豆天蛾、刺槐掌舟蛾、刺蛾、蚜虫、刺槐叶瘿蚊、朝鲜毛球蚧、水木坚蚧、枣大球坚蚧、槭树毡蚧、白纹羽、紫纹羽病。

刺槐粗干更新仍可获得新生枝条，只是树冠要及时疏、留修整，不可弃管

刺槐大枝干更新仍可形成较好的树冠

刺槐平垂枝干修剪示意

刺槐修剪留橛

刺槐树橛遇到风雨时

八、银杏（白果树、公孙树） *Ginkgo biloba*

（一）形态

银杏是原产我国的古老树种。落叶大乔木，高可达 30 ～ 40 米，干径可达 3 米以上。树冠高大呈广卵形；青、壮年时期中干明显，树冠呈圆锥形、阔塔形、阔卵形，另外银杏有多个变种其树形有些差异。树皮灰白渐至褐色，纵裂。枝干通直，斜向，近轮生；枝条分为长枝、短枝两种，根据枝条抽生性质可分为：延伸枝、顶侧枝、细枝与短果枝。一年生枝呈浅棕黄色，后变为灰白色，短枝被叶痕。叶扇形，二叉状叶脉，顶端常 2 裂，基部楔形，有长柄，长枝上为互生，短枝上簇生；秋季叶片变黄，为优良的观赏树木。雌雄异株，花生在短枝顶端，雄花柔黄花序，雌花球状，北京地区花期 4 ～ 5 月。果成熟时淡黄色外被白粉，外种（果）皮肉质，具臭味（作行道绿化，最好选用雄株），中种皮骨质、白色，内种皮膜质，子叶两枚，味甘、微苦。果、叶可入药，但不宜多食。

雄株：主枝夹角小、直立生长，树冠瘦窄。叶片裂刻较深，超过叶片中部。秋叶变色较晚，落叶较晚。着生雄花的短枝较长（1 ～ 4 厘米）。

雌株：主枝夹角大、开张，树冠宽阔。叶片裂刻较浅，不达叶片中部。秋叶变色及落叶均较早。着生雌花的短枝较短（1 ～ 2 厘米）。

种子也可区别雌、雄株：核圆形具二棱的为雌株；核尖头具三棱的为雄株。

中、老年树龄的根部常撵生或成排萌发形成小树群落，成一景观。树姿雄伟壮丽，叶形秀美。最适宜作庭院、绿地观赏树木，特别是秋天叶色金黄满枝冠，极为美观。在我国名胜古迹、庙宇古寺、古刹殿院内多有数百年甚至上千年古银杏，极为珍贵。银杏在我国华北、华中、华东、西南地区均生长良好。其木质结构细密、纹理顺直、不翘不裂、光滑、柔软、极易加工，是极佳的木材，可供建筑、家具、造船、雕刻等多种应用。

（二）生长习性

银杏深根性树种。有极强的分蘖能力，寿命长可达千年。喜阳，对水土适应性很强，酸性、石灰性土都可生长。但在肥沃湿润、排水良好的深厚土层及中性、微酸性沙壤土中生长最好。不耐盐碱、抗烟尘能力稍弱、对城市热岛气候不太适应。生长相对较为缓慢，但如果土、肥、水适宜时新梢生长量可达 50 ～ 60 厘米。银杏干性很强，其枝、干一年只生长一次，翌春一年生枝上的顶芽继续延伸，单轴分枝，干、枝近顶端数个侧芽萌发生成几个侧生长枝，近似轮生，而远离枝端的侧芽多只萌发生成短枝；主枝上的侧生芽较少能自然形成大的侧枝，常常是主枝斜生通直，干周只生有长、短枝，雌株更为明显。银杏的短枝可以生长在中干、主枝、长枝上，短枝寿命可长达十多年，只有细弱枝上的短枝寿命要短些。短枝上簇生叶片、开花结果，其结果树龄因繁殖方法不同而异，一般种子繁殖约在 20 年左右结果，无性繁殖结果所需时间较短。

（三）修剪

1. 树形

银杏为有主轴的树形，园林树木修剪应保留、培养好中干。

幼、青年树形应保持塔形、圆锥形，适当多留枝条。随着树龄增长可以在中干上选留培养数个主枝，逐步形成有主轴的阔塔形、阔卵形、广卵形等树冠。其定干高度可因绿化需要而定，行道树适当高些，新植小树要随着树冠的扩大逐步提高，不可一次到位，以免影响树木生长。银杏树是非常耐修剪的树种，枝、干重截都会生成新的树冠。但由于银杏生长缓慢，在青、幼年树龄时期不要作重度截干，适当疏除、短截中干上的侧生枝条即可，以免破坏树形。如果需要主枝上能生成较大的侧枝时，在整形修剪时则应适度短截主枝，否则主枝将是斜生通直，自然生长多为长、短枝条，较少能形成大的侧枝。

银杏的群根不深，移植容易成活，但移栽根系损伤特别严重时，为了保证成活，也需适当重截主枝，只是树冠形成要延缓数年，但最好不要破坏中干生长优势为好。

2. 养护期间

一般不必年年修剪，每隔数年将树冠内过于密集的枝条以及交叉、重叠、平行、病虫、干枯死枝及细弱枝疏除就可以了。结果多年的衰弱长枝条可以轻度回缩，减少短果枝数量促其复壮。银杏多自然生成层形性树冠，但常由于多种原因树势年生长量较小，致使层间距不够理想需要调整，此情况在修除多余枝干时不要轮状疏除，以免形成环状伤口。

衰老树木修剪：银杏的潜伏芽、不定芽萌发力很强，此时做全树轻度缩剪为好。也可在粗枝干上重截更新，能生成丰满的新树冠，但新冠需要修整不可弃管。

银杏树

中年银杏雄株树冠可适当间疏密集与交叉枝条

银杏雌株的层形树冠

中、青龄银杏的自然习性之一——主枝通直不易自然生出较理想的侧枝

银杏每年顶芽旁侧芽长出的枝干近似轮生，修剪应避免环状伤口以免削弱中干的生长

银杏为耐修剪树，大树移植粗干重短截仍可生成丰满树冠，只是满树新枝应当修整梳理才好

常见病虫害

　　银杏病虫害相对较少，苗圃曾发现根颈处发生腐烂现象，主要害虫有银杏大蚕蛾、刺蛾、茶黄硬蓟马、小线角木蠹蛾等。

银杏重截主枝，树冠仍能得到恢复，但不重截中干为好

九、白蜡树属　*Fraxinus*

（一）形态

该属在北京园林栽培有多个很相近的树种，这里统称白蜡。落叶乔木，少有丛生。树高可达 15 ~ 25 米，树形卵圆、伞形等。树干通直，皮浅纵裂，灰褐色、黄褐色，小枝粗壮光滑，少数有茸毛。奇数羽状复叶，对生，小叶卵圆形或卵状椭圆形，叶缘波状齿，浓绿光亮。雌雄异株，花小，杂性或单性，圆锥花序，侧生或顶生，生于当年枝或二年生枝上，种子顶端有条形翅。枝干木质柔韧性强，有弹性，耐腐蚀不易腐烂，纹理直，易加工，是良好的家具、建筑、船舶用材；中国武术界常用白蜡做棍棒、枪杆等。在我国华北、东北、中南、西南均有种植。

（二）生长习性

幼、青树龄具一定的干性。喜光，稍耐阴，耐寒。喜湿，耐涝，也耐干旱。对土壤要求不严，中性、酸性土壤都能生长，特别是比较耐盐碱。但在土层深厚、肥沃、湿润的土壤中生长迅速，寿命长。抗烟尘，对二氧化硫、氟气、氟化氢有较强抗性。发芽较晚，落叶较早，尤在雌株树上更为明显。北京地期，如果在 9 月中、下旬能有充足的水分，可以推迟落叶。适应性很强，新移树木容易成活，甚而因管理不当有隔年才发芽的现象。

白蜡有中干树形，较方便管理

（三）修剪

白蜡树萌发率、成枝率均极高，不定芽萌蘖力也很强，非常耐修剪，截干、抹头均可生出茁壮的新条；因此白蜡树自然树冠枝条非常密集，加之枝干具柔韧性能，常常出现干、枝下垂。一般修剪不用或少用短截，以减少冠枝数量，对外围枝头要以疏剪或缩剪为主，可抬高枝干角度。对内膛直立枝要压缩控制，使之通风透光。

1. 树木整形

首先是定干高度要以园林设计、绿地、道路及其环境需要来决定。树形：①幼、青龄树应当保持有主轴树木修剪，随着树木生长，以中干四周每隔 1 米左右，选留主枝数个向上排列，主枝上再生成较大枝组或小形侧枝，形成有中心干的疏散分层树形，该树形较为理想。②现实工作中，多有在移栽时将树干抹头，可以在分枝点处选留 2 ~ 3 个枝条作为主枝培养，其主枝可以是邻节、邻近的枝条。如遇有空中管线，最好以 2 个主枝为好，方便给管线让路。随着树木生长，再从每个主枝上有空间的方位留小形侧枝或是大小不同的枝组，形成一个多主树冠。如果 3 个主枝中有一强旺枝，可以培养成中干，改造成有主轴树形；也可以在其强旺枝上再分生 1 ~ 2 个枝头，形成高、低错落二层多主树形。总之树形可以随树势灵活掌握。但不可把太多的主枝都集积在分枝处，否则侧、冠枝条无空间生长，树冠后部容易空秃。

注意：抹干后的树形，选留主枝时不可一次定位，初期适当留些辅养枝，但辅养枝生长势不可强于所选主枝。随树冠生长逐步完成后，将多余的辅养枝去除。上述两种整形方法，以有主轴树形较为容易养护、管理。

2. 养护期间修剪

如前所述，因为白蜡树自然成枝率极高，冠枝非常稠密，养护期间修剪主要是完善、巩固整形的骨架枝，维护立体叶幕。树冠出现外围枝条过密、主枝头下垂时，要疏除前端部分枝条，使其抬高枝干角度。如果是因主、干枝数量过多，或是后部生出直立、徒长枝条使树冠内出现乱膛，此时极易生霉污、白粉病以及蚧虫类病害，应疏除多余主、干枝，减少树膛后部直立枝数量，逐步调整好树木的生长势。

衰弱老树修剪：白蜡树潜伏芽多且极易萌发，老树容易更新复壮。要及时利用后部背上直立枝条，在其前端行使缩剪，适时、适度更新换头促进树势生长。也可以在各个主、侧枝上截掉枝干，或是从分枝点处抹头，重新培养形成树冠，但是这样只能重新整形，延后树冠的形成，推迟绿化效果，最好不用或少用。

　　总之白蜡各时间段的修剪，要以疏、缩修剪为主，对内膛的细弱、徒长、丛生、直立、重叠、交叉枝要适度疏除，要使主枝头角度保持在 45°，以使冠膛通透，减少风、雨灾害与病虫为害。

白蜡树非常耐修剪，大抹头仍可生发新冠，木质部不易腐烂，只是新冠需要选留三大主枝，疏除密枝，不可弃管

白蜡树冠自然分枝非常密，修剪时不宜短截，该树冠只疏光下部，冠顶枝条不动，将是头重冠后下部空空

白蜡树自然成枝极高，冠枝过密，极易出现病虫为害，要以疏剪为好

白蜡青龄树自然生长具分层树冠，只需选留好主枝、间疏紊乱枝条即可形成疏散分层树形，管理较为方便

行道路旁上空无管线，白蜡新植时双头变单主轴，较为理想，但缩剪火候偏重了些，留用枝与锯口比不合适

白蜡移植时抹头后形成新树冠，其主枝留用2~3个较好，过密枝可适当疏除部分

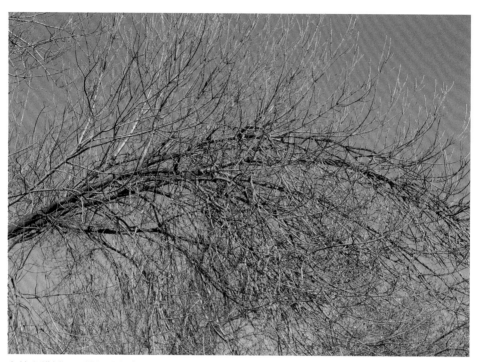

弃管白蜡树，冠枝如此密度既影响树木生长与观赏，又容易产生蚜虫。该树应适当疏除后部大枝与间梳过密枝条，适度缩剪前端，抬高枝头角度

白蜡新植时抹干，后又重截不疏枝干，导致分枝点处主枝过多，将来上树作业困难且冠内小枝易枯死，不能长久保留

白蜡冠膛基部枝疏光，上部枝密，甩放不管，将来极易头重后空、枝头下垂

上砍头、下疏光，不仅影响观赏，将来树形容易紊乱

白蜡新植树整形修剪，较为合理，可逐步整成疏散分层形，只是左侧主枝角度太大，整体修剪枝量重了些

常见病虫害

　　美国白蛾、刺蛾、女贞卷叶绵蚜、白蜡蚧、水木坚蚧、白蜡绵粉蚧、白蜡蛤氏茎蜂、白蜡窄吉丁、薄翅锯天牛、多斑白条天牛、日本双棘长蠹等。

十、元宝枫 *Acer truncatum* 与五角枫 *Acer mono*

（一）形态

二者形态、习性相似。落叶中、小乔木，高达 10 ～ 15 米。树冠宽阔、呈倒广卵形、球形，树姿优美。干皮灰黄色、深灰色，浅裂，小枝浅土黄色，光滑无毛。冬芽卵形。单叶对生，掌状 5 裂，先端渐尖，叶基常截形；掌状主脉 5 条，两面光滑无毛；柄细长，叶形秀丽，夏季新叶、嫩梢多红色，秋叶橙黄、红色。雌雄同株，花杂性，黄绿色，顶生伞房花序，花期 4 ～ 5 月。翅果扁平，两翅约成直角，其长度等于或略长于种核。种翅角度与长度是区分元宝枫与五角枫的主要特征。

元宝枫春天满树黄绿色花朵，颇为美观，且为蜜源植物，种子亦可榨油。北京秋季主要观叶树种，华北各省广为种植。

（二）生长习性

干性不强，弱阳性，耐半阴，喜生于阴坡、山谷中，喜温凉气候及肥沃、湿润、排水良好土壤，在酸性、中性、钙质土中均能生长，有一定耐旱、耐寒力，不太耐涝。深根性，干燥山坡也能生长。有抗风雪能力，也有耐烟尘及有害气体和适应城市环境的能力。

（三）修剪

元宝枫萌蘖力强，是耐修剪树种，所以常作为盆景用于观赏。自然树冠为无主轴树形，干高应因地而异，路树约 2 米以上为好，庭院树木可适当低冠。分枝点处选留 2 ～ 3 个主枝，其排列可以是邻节、邻近或是错落为两层分布，但该树不大可能形成强势中干。在主枝上视空间左右安排侧枝即可。元宝枫在移植时可以适当重回缩，要注意保护伤口。在养护期间要以疏剪为主，不做短截，主要针对密集、交叉、重叠、病虫、枯死枝进行疏除修剪。衰弱树木可以缩前促后，衰亡期即可截干更新。

修剪时间：园林栽培树木中还常见同类树：三角枫、茶条槭、鸡爪槭、复叶槭等，近年从国外引进许多本科观叶树种。此类树木修剪时间要在秋末落叶前或者是春芽萌动时较好，休眠期修剪容易出现伤流。

元宝枫自然树形

元宝枫冬季伤流

元宝枫冬季伤口大量树液外流

元宝枫冬季枝条伤口向外滴树液

元宝枫休眠期伤流

槭树科（枫树类）休眠期也不可修剪

胡桃科树木休眠期不可修剪，冬剪易伤流

常见病虫害

美国白蛾、小线角木蠹蛾、元宝枫细蛾、蚜虫、叶螨、刺蛾，黄萎病等。

幼、青年树龄悬铃木自然树形

十一、悬铃木
Platanus × *acerifolia*

（一）形态

高大落叶乔木，高达 30 ~ 40 米，胸径可达 3 米，树形高大，枝叶繁茂。树冠广阔钟形、圆形或卵圆形，自然树冠雄伟端正。树干通直，老皮有成薄片状或不规则脱落，皮脱落后树干光滑洁净，也有裂皮不脱落的树，枝干灰褐绿色至灰白色。叶大荫浓，掌状浅、深裂，单叶互生，叶柄下芽。多为雌雄同株，花密集成球形头状花序。其果有一球、二球、三球之别，刺毛球状，柄长下垂，宿存树上。世界各国广为应用于园林绿化。幼枝嫩叶上具有星状毛，近年南方有采用无星状毛的品种。悬铃木多有变种，其形态及生长习性略有差异。

原产于欧美，据传晋代时由僧人从印度带入我国，近代首先在南方城市开始应用。近年来气候逐年变暖，北京园林绿地及行道种植渐多。

（二）生长习性

阳性树木，喜温暖湿润、阳光充足的气候。耐干旱、瘠薄，能耐轻盐碱，具有较强的抗烟尘能力，对二氧化硫等毒气以及城市的不良环境也有很强的适应性能。

深根树木，寿命较长，易成活，生长快，有较强的干性。适合生于土层深厚、排水良好的地方。不太耐寒，北京地区栽于风口或遇冬季低温年份常有梢条或树干开裂现象。

（三）修剪

悬铃木为生长快、萌芽力强，成枝率高，粗干抹头后不定芽可萌发生成丰满的树冠，为非常耐修剪的树种。

1.整形修剪

自然树形有主轴，园林新栽植树木应保留中干，以中干为轴每隔 1 ~ 1.5 米留一永久性主枝，并适度短截，基部主枝留长些，向上逐渐短些，主枝角度任其自然生长。随树冠扩大主枝上再分生众多冠枝，最后形成中干通直，冠形丰满的近自然树形。

有些单位在移植时，常常将树干抹头，幼龄树木截干后从锯口处萌生众多枝条，如果空中有市政管线，这样做较容易给电线让路。但主枝不宜选留过多，2 个主枝更方便躲让空中线路；主枝过多空间被占用，不易生成侧、冠枝条。树冠成形后，要控制直立、徒长枝，适当疏除多余密枝，要注意培养枝组。不要将冠膛后部枝条疏光，那样难以形成较厚的叶幕。

如果截干后新生枝与环境允许的话，还是要在众多枝条中选留培养形成有中干的树冠为好。也可以培育成两个中干并生或三干并存，在干的外侧安排侧、枝组向上排列，形成 2 ~ 3 中干近自然树形。

悬铃木的干性较强，主枝在自然生长的情况下不易生成较大的侧枝，当需要树上作业时就较为困难，如需侧枝时，可在整形过程中当主枝生长一定长度即短截，使其生成固定的侧枝。

2.养护期间修剪

要保护骨干枝健壮生长，并使其上下均生有冠枝组，成年树木如果发现树膛枝干基部枝条衰弱、光秃时，要及时疏除外围部分强旺枝，或是对外围枝端进行回缩修剪，保持内膛不空。树冠成形后不必年年修剪，视情况每隔 1 ~ 2 年修整一次即可。

老龄衰弱树木的修剪：注意及时回缩修剪，但不可太急，要注意剪、锯口直径与所留枝干的粗度比，一般以 1:1 或是 1:2 为好。也可以重截枝干更新，形成新树冠，出现丛生枝条时，要选留培养骨干枝，不可弃管让其成为丛生枝干。

有些城市为躲避市政电线，行道树采用杯状整形修剪。其修剪量要大些，减缓了树木生长速度，且失去了该树的自然雄伟姿态。不论在何种树龄时期、何种树形，对干枯、病虫、重叠、交叉扰乱树形的枝均应去除。

悬铃木自然生长为有中干树形，应间疏膛内密枝，如有衰老现象可对顶端行轻度缩剪

悬铃木有中央干，自然树形非常壮观，可作适度间疏去密

悬铃木双主干形，如果空中有管线，在整形时可把两主干开大角度

新植悬龄木修剪较为合理，但轮状密枝可适当间疏除去

悬龄木虽然耐修剪，但不留冠枝将严重影响植株生长

小树干的枝条全剥光，树像小掸子，枝叶太少严重影响绿化、观赏与树势生长

又一小树不留枝，而且像是生长季修除，对树势影响太大了

新栽树大抹头，再连续两年只截不梳，大干推平头式修剪，锯口在一平面，来年树冠必乱头，不可取

粗大枝干仅留一小枝，水路不通

该棵树将被这死干毁掉，好像栽植后树木发新芽就万事大吉了，没有后期养护

常见病虫害

美国白蛾、刺蛾、大小袋蛾、蚕蛾、天牛、悬铃木方翅网蝽等。遇到寒冬有枝干冻裂枯死的现象。

十二、栾树　*Koelreuteria paniculata*

（一）形态

落叶乔木，高达 15 ~ 20 米，树冠近圆球形或倒卵形。幼树皮细，老干纵裂，褐色、灰褐色，小枝稍有棱，皮孔明显，有菜毛，顶芽自枯，合轴分枝。奇数 1 ~ 2 回羽状复叶，长达 30 ~ 40 厘米，小叶有齿、裂。花小，金黄色，中心紫色，顶生大型圆锥花序宽而疏散、花期长，始于 6 月上旬，单株花期可达 20 几天，群植树木花期不一致，可陆续延长 3 个月之多。蒴果膨大成三角形，成熟时红褐色或橘红色、宿存。

该种树形端正，枝叶茂密而秀丽，春季嫩枝、叶片多为红色，入秋叶色变黄。夏季开花，满树金黄，十分美丽且花期较长，为北京地区少有的夏季观花乔木之一，是理想的绿化、观赏开花树种。适宜作庭荫树及园景树与车流量较少的行道树。花、叶均可作染料，初生嫩芽可食用。我国从东北南部到长江流域及福建，西至甘肃东南部及四川中部均有分布。邻国日本、朝鲜、韩国亦有栽培。

（二）生长习性

喜光，半耐阴，耐干旱、瘠薄，耐寒；喜生于石灰质土壤，也能在盐渍地及短期水涝中生存。有较强的抗烟尘能力，对土壤要求不严，深根性，是良好的水土保持树种，生长速度中等偏慢。

（三）修剪

栾树萌发力强，为耐修剪的树种，树形多为无中干树冠，不易培养出通直的中干。树干在苗圃培育 2 米左右出圃。栾树自然成枝率较高，新植树木时可适度疏枝、短截。以后选留 2 ~ 3 个主枝培养，也可以在分枝点处选 1 或 2 主枝，再向上选留 2 或 1 主枝，形成双层多主树形。要在主枝上有空间的地方留侧枝或是直接培育冠枝组，逐年形成近似自然树冠。

养护期间的修剪：要注意培养、巩固侧枝与较大型枝组。一般情况不必短截，自然分枝足够用。栾树常见多种蚜虫，修剪以疏除细弱、密集枝条为主，保持树体通风透光，以减轻虫害。衰弱或老年树龄回缩更新较为容易，也可以抹干更新，均可生成新树冠。

栾树夏季观花树种

栾树自然多干树形

栾树自然树形。2~3个主枝，向上再分几枝干，形成多主树形。此树可适度间疏、回缩密集枝条，将主枝上的乱枝变为侧枝或枝组

十三、黄山栾树　*Koelreuteria bipinnata* var. *integrifolia*

北京近年引进，落叶乔木，高达 20 米，胸径 1 米，树冠广卵形，幼龄干皮灰白色，较为光滑，粗干有裂纹及片状脱落。小枝棕红色，密生皮孔。二回羽状复叶，长约 30 ~ 40 厘米；小叶 7 ~ 11，长椭圆形先端渐尖，基部圆形或广楔形，主脉、网脉都明显，互生，厚纸质，全缘。大型圆锥花序顶生，松散，长 30 ~ 40 厘米；花黄色，花期 7 ~ 9 月。蒴果椭圆、具柄，嫩时红、紫色，果期 9 ~ 11 月。

该树种枝叶茂密，冠大荫浓，初秋开花，金黄夺目，淡红色灯笼果实挂满树冠，十分美丽，极具观赏性，为北京地区少有的夏末、秋初观花、观果树木。可作庭荫树、行道树及园景树栽植，也适宜居民区、庭院及工厂绿化。

在我国主产长江中下游及以南各省，山东、河南有栽培，为重要的园林绿化树种。

（一）生长习性

深根性树种，喜光，幼年期可耐阴，喜温暖气候，耐寒性略差；对土壤要求不严，微酸、中性土壤均能生长。

（二）修剪

黄山栾树不是很耐修剪，新植树木由于伤根较多，冠幅适当疏、截以减少枝量，生长期养护只要把密集枝、将要衰弱死亡及交叉枝、重叠枝去除，任其自然成形为好。衰老期适度回缩促更新生长。

常见病虫害

美国白蛾、栾多态毛蚜、水木坚蚧、枣大球坚蚧、绵粉蚧、刺蛾、吉丁虫、日本双棘长蠹等。

黄山栾树植株   黄山栾树种子   黄山树干

黄山栾树花序大、花期晚   黄山栾树蒴果

十四、垂柳　*Salix babylonica*

（一）形态

落叶乔木，高达 10 ～ 18 米，树冠倒广卵形。树干褐色，粗裂，小枝光滑，褐色或带紫色，枝条细长，柔软下垂，随风飘动，姿态潇洒优美。单叶互生，狭披针形，缘有细锯齿，表面绿色，背面蓝灰绿色。雌雄异株，花单性，菜荑花序。适合于园林绿地、庭院、湖泊、河岸种植。园林树木最好选用雄株，以减少柳絮飘飞。华北平原与我国长江流域及其以南各省、市多有种植；亚、欧、美洲多国都有悠久的栽培历史。

（二）生长习性

喜光，特别耐水湿，遇水即可发生不定根，常见在沟谷内及河湖岸边生长良好。根系发达，生长快速，对土壤要求不严，较适宜生于疏松、湿润、深厚、沙质土壤中。对毒气抗性较强，并能吸收二氧化碳，故也适宜工厂绿化应用。较为耐寒，但是在北京地区遇寒冬有哨条、枯梢并自然脱落的现象，但对树木生长、园林观赏毫无影响。萌芽早，北方地区报春乔木之一（有"五九、六九河岸看柳"之说），落叶也晚。只是寿命稍短，30 ～ 40 年后逐渐衰老。

（三）修剪

1. 整形修剪

垂柳是非常耐修剪的树种，多年的粗干抹干修除后仍可萌发新枝芽，萌蘖力强，极易成活，栽植新鲜柳树棍、杠都可成荫。老树极易更新，可弥补树木寿命短的缺点。定干高度要依绿化环境决定。做行道树要在绿化带较宽的地段，以免因垂枝影响交通。

垂柳幼龄树木尽量轻剪甩放，使之快长。该树多为无主轴树形，新植时抹头，形成多主树形，修剪时注意疏除过多分蘖。①在分枝点处留永久主枝 2 ～ 3 个较好。②也可以修剪成两层多主树形，即在分枝点处选留一强旺枝做中干，第二年在其上延伸 1 米左右处，再培育 1 ～ 2 主枝，形成两层的近疏散分层树形。各主枝上要选留、培养侧枝或大型枝组。③新植树木常遇到有较强的中干树，不必做抹干栽植，就在中干上选留几个生长健壮枝作为主枝并行使短截，主枝距离在 1 米左右为好，每主枝上在有空间的地方培养数个大、小枝组，着生在不同高度，错落生长在树冠上，形成有中干的树形，冠枝叶幕形成团团云状。总之其树形可随实际状况做多种选择。但要主从分明、冠形完整。

2. 养护期间的修剪

要注意巩固主、侧枝，保护冠膛基部枝组。修剪时要多在顶部、外围，使用抑前促后的缩剪方法，控制冠枝外移，这样做还可以延缓衰老进程。不要站在分枝处把可以够得着的膛内枝组全部疏光，而够不着的高端枝条全部留放，那样会导致内膛空、外围枝条密集、叶幕层薄、绿化效果差，而且日后树上作业困难。

3. 衰老时期修剪

该时期枝梢出现干枯、衰亡，初期可以在枝干外围回缩复壮，但要注意剪、锯口与留用枝的比例。衰老后期可在主、侧枝的较大枝干处截干更新，一般不必在分枝点处大抹头，否则树冠会大幅缩小。重新培养新树冠时要注意：①截干后要在粗干的伤口上涂抹保护剂与生长素药物，不让木质部外露。②大伤口周边要保留辅养枝条，即便是其枝条不可能成为永久性枝干，也不能只留锯口一侧的新枝。对伤口周边辅养生长的枝条要一直保留到永久主、侧枝的粗度与伤口直径相近或全部愈合时才可逐步将其除掉。期间可以用剪截的方法对伤口周边多余的枝杈行使控制生长，但不能使其死掉，否则无枝处的伤口极易腐朽，所留永久性枝干遇风、雨容易劈裂。③截干锯口可在树冠上、下高低错落，不要将锯口都放在一个水平面上。

常见病虫害

多种蚜、蝉、虱、蚧以及螨类小害虫，光肩星天牛、星天牛、芳香木蠹蛾、柳毒蛾、天社蛾及刺蛾、尺蛾、美国白蛾等多种叶、干类害虫。还有腐烂病、溃疡病、煤污病、锈病等病害。

庭院垂柳自然树形

垂柳树移植不做抹干的树形，该
树形方便管理

柳树截干后选留两个主枝，
其上再排侧枝组，树形好

垂柳修剪示意

十五、旱柳（柳树）
Salix matsudana

（一）形态

落叶乔木，高达 18 米，胸径可达 1 米以上。树冠卵圆至倒卵形。树皮老时黑灰，深纵裂。枝条直伸或斜展，幼时黄、绿色，多光滑。叶披针形至狭披针形，缘有细锯齿。雌雄异株，荑黄花序。

常见品种与变种有：

馒头柳（cv. Umbraculifera）。分枝密，全树枝端生长整齐，形成半圆形树冠，状如馒头，北京园林多有种植。

绦柳（cv. Pendula）。枝条细长下垂，光滑无毛，与垂柳近似，只是小枝黄色。华北园林中常见有栽培。

龙爪柳（cv. Tortousa）。枝条扭曲向上，各地常见栽培观赏。树木体形小，生长弱，易衰老。

（二）生长习性

旱柳根系发达，主根深，侧根和须根广布于各土层中；可固土、抗风、耐沙压。喜光，不太耐阴。喜水湿，不怕涝，遇水树干可生出不定根系，常在河岸、滩地、低湿、溪水边及湖岸旁生长良好。亦能耐干旱，对土壤要求不严，在干瘠沙地、弱盐碱地上均能生长，而以肥沃、疏松、潮湿土地上最为适宜。但在固结、黏重土壤及重盐碱地上生长不良。发芽早、落叶晚，比垂柳耐寒性强。生长快，寿命相对较长。据说颐和园西堤有清乾隆时期栽植的旱柳，树干粗 1 米多。

旱柳栽植不抹干，自然树形完好

（三）修剪

旱柳非常耐修剪，萌芽力强，易成活，插柳枝、栽柳棍均可成活，是容易更新的树种。整形与养护期的修剪要以缩剪较好，可参照垂柳的修剪方法。

只是馒头柳寿命相对较短，且不太耐修剪，一般抹头定干后，在干头选留 3～4 个强壮枝做主枝，让其自然生长即可。也可在截干口周边选用 1～2 枝做一层主枝，来年对延伸枝段再行短截，选留二层主枝与第一层主枝错落生长，以后任其自然生长。生长期间修剪会使整齐圆满的树形被破坏，不必做过多的人工干预，当然干、枯、病虫、死枝应随时剪除。馒头柳比旱柳更新能力相对差些，在衰老更新时重截枝干，锯口不必高低错落。但大型锯口要有适当间距，不可太密集，并要保护伤口。

柳树类树木都较为耐修剪，衰老树均可抹干更新。但木质部极容易腐朽，一定要注意保护伤口并在锯口周边留有枝条，千万不可只在锯口一侧留枝。

另外柳树多与水近邻，其土壤湿润加之水浸导致根部土质多疏松，遇有风雨交加时，大树极易倒伏。所以养护期间修剪时，应多行缩剪，尽量压低树冠，使树形成矮冠，且使枝干稀疏通透。这样方便树冠作业，少出或免出现灾害。

古旱柳修复

清乾时期的古柳，确保木质部不朽是重要任务。大锯口只一边留枝且"甩小辫"不合理

柳树大更新在大伤口处只一边留枝，另一遍腐朽，树冠遇风雨易劈裂，留用枝与锯口粗细失调，虽然伤口涂有调和漆仍不能保护伤口

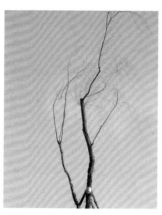

修剪甩小辫"减势"修剪方法，新植柳树如这样修剪不如抹头更生新冠

旱柳自然衰弱，以适度缩剪压缩树冠、抬高角度为好

柳树橛毁了整株树

柳树木质部极易腐烂，因一小橛毁全树

柳树洞的形成

馈头柳在没有病虫、干枯、死枝的情况下不必修剪，如同乔木树球

常见病虫害

参照垂柳病虫。

十六、臭椿（樗树） *Ailanthus altissima*

（一）形态

落叶乔木，高达 30 米。深根性，根肉质。树冠圆整，初为圆形、卵圆、倒卵形，后期呈平顶杯状形。树干通直，胸径可达 1 米，树皮灰、灰褐、灰黑色，较平滑或略有纵纹；小枝红褐或黄色，粗壮，初背薄细毛后脱落，冬态给人以粗壮有力之感。冬芽球形，多具 2 ~ 4 芽鳞。奇数羽状复叶，互生，小叶 13 ~ 25 枚，披针形，先端渐尖，基部偏斜或截形，叶缘近波状，上部全缘下部具有 1 ~ 4 缺齿，齿端具腺点。叶痕大呈倒卵形，内具 9 维管束痕。花杂性异株，顶生圆锥花序，直立，多具臭味。翅果，呈淡褐黄色或淡红褐色，有一定观赏效果。华北各地都有栽植，易成活、好培养，常有自生苗木甚多。

另有黑椿、白椿、无味椿等类型。

（二）生长习性

臭椿喜光，幼、青树龄具一定干性，而且可自然形成层形树冠，生长快速，愈伤能力较强。能耐低温，适宜较干冷的气候。能耐中度酸、碱，在中性及石灰性土壤中含盐量 0.2% ~ 0.3% 时生长良好，抗风沙、耐烟尘能力强，极耐干旱、瘠薄土壤，常见在山石地生长良好，但喜肥沃深厚的壤土及沙壤土。不耐水涝、水湿，土质黏重之处生长不良。

（三）修剪

1. 整形修剪

臭椿 1 ~ 3 年幼龄树苗，干性突出，自然生长树干通直，约在高 3 米处自然分枝，成层形树冠，成枝率很高，是较为耐修剪的树种。新植、定干与整形要间疏多余主枝，即为疏除自然分枝过密及多余的枝条。因椿树有自然层形能力，可选择疏散分层树形。第一层选 2 ~ 3 个主枝，第二层留 1 ~ 2 个主枝，第三层留 1 个主枝，以后中干强势就不太明显了。选主枝的同时还要选留侧枝与枝组以占用空间，使树冠丰满，但要通透。

2. 养护期间的修剪

仍要以维护、巩固主干与主枝为首要任务，疏除扰乱树冠的密集、交叉、平行、重叠、枯死及病虫干、枝；还要注意保护树冠基层的冠枝生长正常，不可使冠膛内光秃无枝。一般情况不必年年修剪，可以几年做一次修剪让其自然生长形成的树体更为壮观。

3. 老龄树木的修剪

初期回缩外围枝头，抑前促后，尽可能利用枝干后部背上枝条恢复树势。衰老后期也可以截干复壮，但尽量少用此法。

臭椿自然形成疏散分层树冠，应缩强旺枝、疏密集枝、去细弱枝

臭椿自然生长形成疏散三层树冠

臭椿新植截干形成双主干，仍然层形明显，修剪应间疏近轮生过密枝

该修剪是在生长季节，修剪者完全没有意识到树木的感受

臭椿一枝干的修剪示意，树老枝头低

十七、千头臭椿　*Ailanthus altissima* 'Umbraculifera'

千头臭椿为近些年北京大量种植的一树种。幼、青树龄，生长较快，其冠形圆整，球形或伞形，树冠密集，颇受人们喜欢；中、老年树龄冠形渐呈长圆或高杯状，冠内枝干多、叶片稀少，寿命较之椿树要短。枝干皮灰、黑褐色，一般叶片较臭椿小，小叶基部缺齿，腺点也不太明显。枝、干密集，夹角小，分枝能力极强，每一枝头自然分枝可达 4 ~ 6 个。在我国山东南部、河南北部多有种植，多雄株，适宜城乡"四旁"绿化及园林绿化栽植。

（一）生长习性

与臭椿基本相同，愈伤能力特强。

（二）修剪

1. 树形
千头臭椿萌发力、成枝力极强，所以各时间段应以疏剪为主。因枝干比较紧密，干高可适当低些较好。其冠形：①新植树木最好不要抹头截干，可以培养出一较强旺的中间主枝，在其旁选留 2 ~ 3 个生长相对较小的主枝，形成中间较强的多主枝树形。②如果新植树木要截干栽植，在分枝点处留选 3 ~ 5 个主枝即可，其主枝可丛生在分枝点处，也可稍高低错落分布，形成生长均衡的多主枝树形。不论哪种树形其主枝要从树冠基部延伸到冠顶，至少要延伸到树冠中上部；随树木生长，在各主枝上视空间情况排列出侧生枝干或大、小枝组来扩大、丰满树冠；同时为老树更新留有方便。切忌在青、幼树龄时期，只为树冠丰满好看，留主枝过多，膛内无枝组冠枝生长，到中龄树时必然枝干密集，冠膛内干多、叶少，叶片只生长在树冠顶端、外围，不能形成立体叶幕。此时再疏除大枝干，老树干再生不出枝组、叶片；且伤口大易伤树势，极容易破坏完整的冠形，同时也影响树木寿命。

2. 养护期间的修剪
每年新发枝头仍然要以间疏为主，不可短截。同时要注意使用缩剪的方法进行更新复壮，在主枝上选留侧枝与大、小枝组。老树龄时期应适度回缩修剪，以保证冠内枝、叶丰满。

注意：这里提出臭椿与千头臭椿树修剪要以疏为主，并非要把冠膛枝叶疏秃、疏光，特别注意主枝基部及冠膛内一定要培育丰满的枝组叶片。

该千头臭椿树冠枝、叶分布较为合理，冠内通透且形成了立体叶幕

分枝点处留主干太多，冠基部空间都被粗干占用，枝叶无处生存，冠顶一薄层叶幕

常见病虫害

　　美国白蛾、多种刺蛾、樗蚕蛾、沟眶象、臭椿沟眶象、桑白蚧、斑衣蜡蝉、锈病、早期落叶病等。

千头臭椿主枝基部不应疏光成为空干，愈伤能力强

千头臭椿主枝密集，树上作业不方便，同时也导致树冠基部少枝叶

千头臭椿主干太多，应当疏除，要留下枝组，不可疏成光干

千头臭椿愈伤能力很强

十八、侧柏 *Platycladus orentalis*

（一）形态

常绿乔木或灌木，乔木高达 20 米，胸径可达 1 米以上。幼、青树龄呈圆锥形或卵形树冠，老龄树冠开展但不整齐。树皮薄，初红褐色，后变褐色，浅纵裂，条状剥落。大枝干斜生开展，小枝松散，直立开展，扁平形，呈一平面，初为绿色，二年生枝绿褐色，后变褐色。鳞叶交互对生，春夏绿色，冬天褐色。雌雄同株，球状花，单生于小枝顶端。果卵圆，当年成熟，自然开裂，北方主栽常绿树种之一。

（二）生长习性

阳性树种，亦略有耐阴能力。深根树种，喜温暖湿润气候，亦耐多湿、耐旱、耐寒、耐贫瘠、耐微碱，可生于石灰岩及钙质土壤。寿命长，生长慢。

十九、桧柏（圆柏）*Sabina chinensis*

（一）形态

常绿乔木，高达 20 米，胸径可达 3 米以上。干皮灰褐色，纵条剥离，桧柏树干有时呈旋转状，且具暴突、扭曲、不平，奇姿怪异，堪为独景。幼龄树冠尖塔形或圆锥、圆柱形，树冠有瘦窄与宽阔等多种形态；幼树枝条变异较多，有直立枝、斜生枝、密集枝、松散枝、下垂枝等等。老龄树冠成广卵形、球形或钟形。叶有二型，幼龄树多刺形，常 3 枚轮生，多在营养枝上；成年树多鳞状叶交互对生，多见于具有生殖能力的枝上。多为雌雄异株，少有雌雄同株者。球花单生，从花芽形成到种子成熟，要两个周年跨三个年度；果实球形浆果状，被白粉，着生在短枝顶端，初为灰绿、熟时暗褐或褐黑色，不开裂。

侧柏、桧柏两种柏树寿命都很长，我国现有汉、辽时代古柏。古柏林具有庄重肃穆之感，是北方主栽园林树种之一，且为北方地区少有的冬季常绿树木，极具园林所需，是古今中外被广泛应用的园林树种。

（二）生长习性

喜光树种，但比侧柏较耐阴。喜温凉气候但也能抗寒、耐热，能耐城市辐射、热浪效应。对土壤要求不严，可生长在酸性、中性及钙质土中，深根性，侧根发达，具抗旱性，也较耐水湿，但以中性、深厚、排水良好的土壤生长最好。生长较为缓慢，桧柏比侧柏生长略快些。

（三）修剪

上述两种柏树都极耐修剪，均可以重剪培育成绿篱、色块、盆景，其中桧柏还常被修剪成各种几何图案、动物形态和多种人为造型。但在园林独植或成林栽植时不必过多修剪，特别是幼、青龄树，要以自然冠态为好，不要过多地人为干涉；树干高度以不让枝条擦磨地面，影响地被植物生长与地面作业即可，随着树龄增长出现离心脱落现象再适时适当提高分枝点。

养护期间：成年大树冠膛主要疏除生长过程中自然衰亡或将要衰亡的枝条，以及重叠枝、交叉枝、病虫枝都要及时剪除，帮助树木清理冠膛，使之通风透光。注意不要破坏树冠的丰满完整。

两种树木衰老时均可用大枝、干更新复壮，而且因木质坚硬，伤口不易形成树洞。但应注意锯口规整平滑并要在周边留枝条，必要时涂抹保护药剂。常见到因为修剪时缺少背口锯，伤口处有劈裂，伤及树皮，从裂皮处向下有树液外流，严重时树皮死亡脱落直到树干基部。

常见病虫害

柏蚜、柏小爪螨、柏毒蛾、双条杉天牛、日本单蜕盾蚧、柏肤小蠹、微肤小蠹等。其中桧柏与仁果类树木（园柏、刺柏与梨果类）近邻栽植时，常出现苹（梨）桧锈病。近年桧柏叶枯病发生较为常见。

桧柏幼、青树龄时的自然树形，
该树不必修剪

有主轴青年桧柏，为地被让出空间，树干基部
适当提高，冠枝不必修剪

青龄桧柏干高以环境需要，冠
形自然生长

桧柏此时可在树干基部适当疏枝提干

桧柏树干螺旋状生长

侧柏也有旋转树干，可成一景

天坛古侧柏抹干出新冠（1971 年修剪）

天坛古侧柏粗干 1971 年更新，
现在生出新枝冠

天坛古桧柏抹干更新换来 3 棵
新小树（1971 年更新）

该古树锯掉大树干时该干并没死掉，由
于修剪，招来双杉天牛并使干皮脱落

二十、油松　*Pinus tabulaeformis*

（一）形态

　　常绿乔木，高度可达 25 米，胸径可达 1 米多。树冠在幼、青树龄期间层形明显，树冠呈塔形或广卵形；老年树龄大枝平展，或略有下垂，冠呈伞形或平顶盘状。树皮灰棕色，鳞片状开裂。侧枝轮生，小枝粗壮无毛，淡灰黄或淡褐红色，微具树脂。叶针形，2 针 1 束，四季常青。冬芽长圆，端尖，只在顶芽旁轮生 3 ~ 5 个侧芽。球果卵形，成熟果鳞开裂，果壳可宿存多年。

　　老龄古松树干挺拔，姿态苍劲雄伟，古今名园及游览胜地常有以松树命名的景点。它可以孤植、丛植、群植成林，也可以与阔叶树木混交配植，是广为应用于园林的树种。

松树的层形

（二）生长习性

喜光，幼树稍耐阴，老树强阳性。深根性，侧根也发达，性强健，抗风力强，寿命长。喜干凉气候，年降水 300 ~ 750 毫米生长良好，能耐零下 25 摄氏度低温；但不耐严寒。耐干燥贫瘠；但不耐水湿及盐碱。在沙地、微酸性、中性以及钙质土壤中均能生长，常有在山崖石缝处迎风生长呈苍劲独特树形；但在城市热岛效应较重的道路、建筑辐射热很强的地方生长不良。自然生长一般较慢，但在土层深厚、湿润而排水良好的区域生长相对较快，老龄树一般新梢年生长仅 10 ~ 40 厘米。生长规律：一年只有一次萌芽生长，多在春夏时节。特殊年份个别枝条有二次生长。没有隐芽与不定芽。

（三）修剪

北方园林中主栽常绿树种。较为不耐修剪，因没有隐芽与不定芽，不要行使短截。幼、青树龄加强养护，任其自然快长。

中青树龄分枝点的高度随环境不同而异，随着离心生长渐渐提高树干高度，形成高冠低干较好。中老年大树也只是疏除过多的轮生枝、芽以及衰弱、干、枯、病虫枝与交叉、重叠枝，不可做短截与抹干处理。

修剪时间应选在秋末将近停止生长前或早春树液初始流动时为好，避开休眠期与生长旺盛时期，因为冬眠时剪、锯口有少量伤流，生长旺季修剪易损伤树势。剪口、锯口应落在枝条基部由粗变细处，避免剪、锯口紧贴树干伤及树势，同时也不要留槎过长。

这里只述说油松的修剪，其他松类可同样对待，不再赘述。

常见病虫害

松小爪叶螨、松大蚜、松球蚜、松毛虫、松牡蛎盾蚧、松粉蚧、日本单蜕盾蚧、松果梢斑螟、芫天牛、红脂大小蠹、松褐天牛、松材线虫以及松针落叶病。

华山松有主轴树形

层形树形

青龄松树，有主轴树冠

油松多年后自然树冠变为平顶冠形

油松短截、抹干都不会生出新芽

环境允许时油松低冠更具风采，冠内只做剪除干枯、密集、病死枝即可

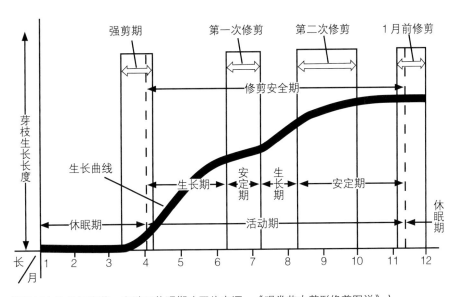

常绿树木生长与修剪，应避开休眠期（图片来源：《观赏花木整形修剪图说》）

（刘育俭 摄）

第四章

北方地区常见园林花灌木的修剪

一、碧桃　*Prunus persica* 'Duplex'

（一）形态

落叶小乔木，高 4 ~ 6 米。因多为嫁接繁殖，故树形有一矮干，自然生长为无中心干、多呈圆头树形。碧桃为桃树的变种，其品种较多，其树枝有直立形如扫帚——称帚桃（*Prunus persica* 'Pyramidalis'），也有枝条向下生长的称垂枝桃（*Prunus persica* 'Pendula'）等。碧桃枝干灰褐、暗紫色，枝条黄褐色，嫩枝多红褐或绿色，光滑无毛。枝条可分为生长发育枝与开花枝两大类：强健发育枝可见到多次幅梢；而花枝可见到长、中、短枝与花束状枝和徒长花枝。叶椭圆状披针形，先端渐尖，基部阔楔形，两面无毛，个别品种背面叶脉间少有绒毛，叶缘有锯齿。碧桃枝条上的芽可分为复芽与单芽两类型：①各类枝条顶端均为单叶芽。②健壮枝条叶腋间多为复芽，其双芽者多为一花芽＋一叶芽，三芽者为两花芽＋一叶芽，还有三花芽＋一叶芽者，极个别也有双叶芽并生者。③花束状枝上为多花芽＋一叶芽者。④弱枝条上的芽都是单芽，均为一叶芽或一花芽。⑤枝条基部常有不萌发的副芽，后成为潜伏芽。⑥碧桃枝条还可以见到瘪芽、盲芽。碧桃为纯花芽，先开花后展叶，多重瓣花，花色有白色、粉色、红色、红白同株或同花二色、紫叶红花等多个品种。北京地区花期在 4 ~ 5 月，盛花时节烂漫芳菲，明媚可爱，"桃之夭夭，灼灼其华"，加之品种多多着花繁密，"五一"节前后是园林绿地、公园、景区、街道绿带的一亮丽景观。

（二）生长习性

碧桃适应性较强，华北地区夏季的高温与冬季的严寒均不影响其露地栽培，我国中、南、西北多地园林中都有种植。碧桃根系较浅，喜肥沃而排水良好的壤土，黏重、碱性土不适合其生长，较为耐旱而怕水涝。其干性弱，难于形成中心干，但碧桃幼树生长旺盛且快速，加之芽具有早熟性，定植后二三年即可得到开花冠形。枝条生长顶端优势较强，又是强阳性树种，冠膛后部枝条光照不足时极易衰亡枯死，形成光秃带，致使开花部位迅速外移。在健壮的枝条上，若有气象与外界因素影响时，枝条的生长常形成春、秋梢及盲节；强壮及徒长枝条上，当年生的枝条上还会见到 2 ~ 3 次副梢，其上也可以形成花芽。碧桃枝条较容易形成花芽，一般在头年的 5 ~ 6 月形成，以中、长花枝（约 15 ~ 30 ~ 80 厘米长，直径 0.5 ~ 1 厘米）与花束状枝（长 5 厘米以下）开花较好。

花束状枝与短花枝多只顶端有叶芽，少有或没有侧叶芽，而且寿命较短，但此类枝遇有适合的肥水与光照或受到强刺激时也可以生成中、长枝或营养枝。碧桃萌芽与成枝率较高，但其隐芽少且寿命较短，老树枝干上不易生出新枝条。伤口愈合能力差，木质易干裂、腐朽。碧桃树的寿命一般在 30 ~ 50 年。

二色碧桃

垂枝碧桃

同株碧桃枝条粗细花量对比，并非粗枝开花多，修剪碧桃时可参见本图来培养选择枝条的粗细

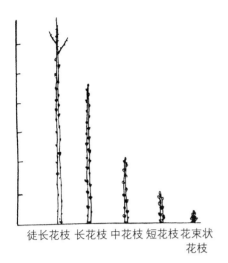

徒长花枝 长花枝 中花枝 短花枝 花束状
　　　　　　　　　　　　　　　花枝

碧桃花枝种类（图片来源:《北方果树》）

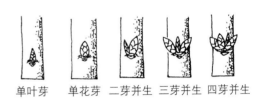

单叶芽　单花芽　二芽并生　三芽并生　四芽并生

碧桃芽列（图片来源：《北方果树》）

（三）修剪

　　碧桃是强阳性的树木，应种植在有充足光照的地方，定植不要过密，一般株行距 5 ~ 6 米为好，使其枝杈有伸展的空间，这是养护与修剪好碧桃的基础。其树形以三大主枝自然开心形较好（帚桃除外），开张品种也可以做成扁圆形或半圆形，这样可使树膛内有充足的光照；也有采用杯状树形的，但其修剪量较大。碧桃为耐修剪树种，除短花枝与花束状枝仅顶端有叶芽的枝条不可短截外，全树其余所有留用的枝条都要行使短截。修剪花枝所留长度一般在 20 ~ 40 厘米。另外冬季修剪时剪口下要留有叶芽，不可只留花芽。

1. 整形修剪

主、侧枝的培养：

　　苗圃二、三年生苗木定干高度在 1 米左右，成年大树干高约在 50 ~ 80 厘米。定干后第二年或第三年时间选留邻节或邻近三枝条，作为长期培养的主枝。三主枝周角 120°，生长角度在 45° 左右为好。幼龄树木各主枝的一年生枝头一般长度留 50 ~ 80 厘米短截较好，不可短截过重，否则会使树上抽出过多徒长枝，严重影响内膛光照与树冠扩大速度；但是也不可留放过长，那样会形成后部光秃不容易培养永久性枝组。短截主枝时要考虑到侧枝的方位,即选好主、侧枝的方向芽。其后逐年在每一主枝的左、右选留 2 ~ 3 个侧枝培养,第一侧枝最好距分枝点 40 ~ 50 厘米。三个主枝上的第一侧枝最好在各主枝的左或右侧统一方位较好,这样方便以后进树膛内及树上作业。第一、第二侧枝相距 20 ~ 30 厘米,每个侧枝要留在前一侧枝的另一侧方向,各主枝上同一侧面的侧枝(如 1 ~ 3 侧枝)间距应保持在 60 ~ 100 厘米,具体可视侧枝的大小与空间而定。侧枝的生长角度要略大于主枝角度,短于其主枝长度。这样三、五年后形成三主枝,6 ~ 9 个侧枝的近自然开心树形。当树冠直径达到 5 ~ 6 米时,其主、侧枝头即可不必再行扩展,成冠后每年将主、侧枝头用缩剪的方法去除强旺枝条,留用花枝作领导头,其枝要适当放长些。这样可抑制碧桃的顶端优势,促使冠膛内部枝组的生长势,同时控制了树冠的大小(冠径不超过 6 米为好)也便于养护管理。

　　注意:在幼树整形时除骨干枝外,其余枝条只要不影响主、侧枝生长,尽量多留些小枝条,在辅助树木整体生长的同时还可以提早进入花期。

2. 花枝组的培养

　　在培养主、侧枝的同时还要注意在主、侧枝上培养大、中、小不同形状的花枝组,各枝组可形成 5 ~ 20 个枝头,枝组的大小与距离,视空间决定,一般距离在 30 ~ 80厘米为好,树膛后部枝组要大些,前部枝组要小些。只有牢固的花枝组才能使其长期保持树体上下、前后立体开花。

　　培养花枝组的方法:①选较强壮枝条留 4 ~ 8 个芽短截,来年缩剪去顶端 1 ~ 2 个强枝,促使后部枝条生长,并适当将后部枝条行使中度短截。②逐年缩剪强旺徒长枝,短截强壮枝条。各类枝组都要有领导延长方向枝,最好斜上方向并稍有弯曲,以防上强下弱。碧桃的枝组多在骨干枝的背部或侧上方,背后枝组只有在直立品种上才容易培养,枝组上所留的枝条短截在中、下部的壮芽上,其长短、高低应错落且不要在同一水平面上,延长枝头要适当长些。

　　花枝组的培养要伴随主、侧枝的选留逐年培养,否则后部枝组难于形成。

　　花枝与枝组的更新:为了防止或减缓开花部位外移,碧桃花枝修剪要随时注意更新。常用方法有双枝更新与单枝更新。均是用抑前促后的短截或缩剪方法进行,即剪除前部的强旺枝、芽,促使后部枝条健壮[参见 44 页"(一)枝组及其培育方法"下的图解]。

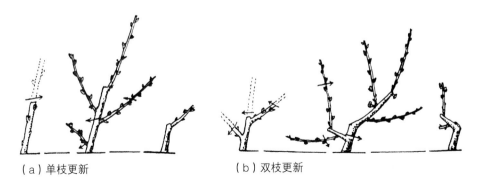

（a）单枝更新　　　　　　（b）双枝更新

碧桃枝组更新（图片来源：《北方果树》）

碧桃枝组的培养 1 ～ 4 年（图片来源：《北方果树》）

3. 老年树的修剪

老年碧桃多指树龄大于 20 ～ 30 年。枝干生长衰弱，花枝衰亡，中长枝减少，短花枝与花束状枝增加，新梢细弱甚至后部枯死，内膛光秃。

①对老、弱树修剪时间要以冬剪为主，少做或不作夏剪。②不必再扩大树冠，主、侧枝头与枝组顶端要逐年做适度的轻、中回缩修剪，不可一次回缩太重。碧桃老粗枝干隐芽寿命较短，不易萌生出理想的新条，缩剪主、侧枝时仍要注意从属关系，并处理好大型锯口的保护。③对内膛出现强旺壮枝要注意培养留用，不可去除。④对细弱枝条只作间疏不作短截。

4. 修剪时期

碧桃的整形修剪最好是在休眠期进行，因为休眠期无树叶遮挡方便观察全树枝干；同时整形修剪枝量较大，在生长季节整形会削弱树木生长势。但与此同时碧桃在幼年树龄整形时一定要有夏季辅助修剪，期间主要是控制、削弱竞争枝与徒长枝，不让其争夺主、侧枝的营养和影响树膛光照。另外夏季修剪还可利用副梢开大、抬高枝头角度来调节主、侧枝的生长势。

现就碧桃生长季节修剪简述以下：

①花后复剪——约在 5 月上、中旬（具体为花落 80%～90% 时），主要是调整主、侧枝的方向枝、芽，疏、抹并生枝、芽和枝干夹角间的芽、枝；回缩冬剪留放较长的花枝，延缓开花部位外移。② 5 月下旬至 8 月上中旬，此时新梢生长势已经有明显差异，对内膛当年枝条出现第一次副梢时用缩剪的方法，只留两个副梢，其余剪除。以后如果副梢上再出现 2～3 次副梢时，其上只留一个副梢即可。③对留作培养枝组的徒长枝以及对主、侧枝头有竞争的枝条要行使掐尖或短截，不让其影响主、侧枝头生长，多余的强旺枝可疏除。其间一般经过夏季的 2～3 次修剪树上的强旺枝均可被控制在可用枝的生长势范围。④ 8 下旬至 9 月，此时碧桃枝条多停止生长，修剪主要是清膛，对影响内膛光照的强旺枝适当短截，过多的密集枝疏除，解决树膛通风透光问题。对过长的花枝截去顶端不充实的部分，使养分集中在下部花芽上，这样做还可以减轻冬季修剪量。

5. 碧桃修剪注意事项

①冬剪首要任务是培养好骨架——主、侧枝，同时注意培养后部花枝与枝组，对树冠后部的枝组要适度短截在枝条壮芽枝段的靠下部处，不要剪留过长，以减慢开花部位外移。②多培养中、长枝条，它影响着树木的生长势，且为开花最好的枝条。③树冠内膛通风透光是碧桃修剪要牢记的。④夏季修剪主要是短截强旺枝、改造徒长枝用其培养枝组，疏去那些细弱和多余的枝条。

常见病虫害

害虫有：美国白蛾、蚜虫、叶螨、小绿叶蝉、桑褐翅尺蛾、春尺蛾、蝼蛄、梨小食心虫、桃小食心虫、桃红颈天牛及多种卷叶蛾。病害有：根癌病、桃流胶病、黄化病等。

碧桃三主自然开心形，冠上冠下立体开花

碧桃扁平树形容易获得光照，花量大，树冠矮方便树上作业

碧桃扁平树形后部枝组较容易培养，但冠枝修剪偏重、偏密乱，多亏是低冠，否则进树作业较难，要做夏季修剪才好

碧桃种植过密将主枝回缩使冠幅变小

碧桃开心形冬剪。为控制树冠再扩大，将主枝头重回缩，顶端花枝放长，但花后应复剪过长花枝

碧桃当年可发生二次枝，在修剪工作中可以应用

碧桃开心形树形。枝组分布在树冠上下，为躲让雪松控制冠幅，在各枝上行使回缩，花枝适当多留、放长

幼龄树整形时主枝留放太长，使后部不能形成长久的花枝，树冠基部形成光秃带

该碧桃树龄不老应截干，在加强肥水管理的基础上更新树冠还来得及

碧桃幼龄旺树内膛徒长枝应做夏剪控制，使其变为花枝

低龄碧桃生长过旺，夏季应控制徒长，有利于通风透光及花芽的形成

碧桃徒长枝是开花最不好的枝，图中所示的修剪将花枝疏光，全树众多徒长枝来年满树旺条，且下部内膛光秃

碧桃下部光秃无花枝，上部疏掉大量花枝，重杀枝干，来年上部形成徒长枝，下部仍然无花枝

碧桃如此修剪今年无花，来年仍然无花

碧桃修成鸡爪状、花枝不留、枯死干橛舍不得剪，去年重截变徒长今年仍然短重截

无道理的修剪，不知想让碧桃长成什么样子

碧桃修剪毫无道理，"盲修"

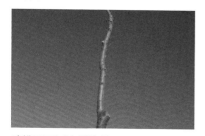

碧桃不可以这样修剪

修剪目的是什么？不应这样修剪

碧桃修剪过重，失掉太多花枝，来年满树徒长枝

碧桃主枝连续开大角度，使之失去领导能力，来年背上必生直立徒长枝且不开花，树冠必乱

碧桃此修剪只知保护伤口，不知栽碧桃的目的是什么？

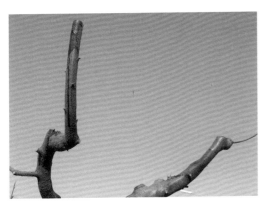

碧桃花枝疏光、粗枝重截，不仅今年无花，来年将是满树徒长枝

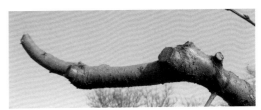

碧桃用什么开花？只知保护剪口

碧桃树干上小枝疏得光光

二、榆叶梅 *Prunus triloba*

（一）形态

　　榆叶梅为落叶花木，因嫁接繁殖，其树多为独干树形，树高 2 ～ 5 米。自然树形多是圆头状。干枝紫红色，树皮纵裂，小枝细，无毛或幼时稍有柔毛。叶椭圆形至倒卵形，长 3 ～ 5 厘米，先端尖，叶基阔楔形，缘具粗重锯齿或有时 3 浅裂，两面少有毛或无毛。先开花后展叶，少有或在徒长枝上花叶同放；花开在二年生枝条上，腋生多为 1 ～ 2 朵，多年生粗枝干上常生出丛束状花枝，花柄短，每束多达数十朵花，花色粉红，4 月花开。核果，球形，肉薄，色由绿变黄再变红，7 月成熟。华北各省、市在园林中普遍栽植。早春与连翘的金黄色花条同时开放，呈现出春光明媚、生机勃勃、欣欣向荣的景象。

榆叶梅开心形树形

（二）生长习性

喜光，稍耐阴，耐寒，耐旱，不耐水涝。对土壤要求不严，轻碱性土壤也能适应，易栽培。花芽多在当年枝条的 5 ～ 6 月形成。

（三）修剪

榆叶梅生长旺盛，萌发率与成枝率极高。非常耐修剪，冬季多用缩、疏、截的修剪方法。对已成形树冠，应以成形树形为基础，疏除零乱、横向、交叉、重叠、平行枝以及徒长和细弱枝条，使之内膛通风透光，不必大改其形。对中长壮枝适当放长（30 ～ 40 厘米）短截。

1.整形修剪

新植树干高可以在 30 ～ 50 厘米，如果地面有植被可以适当提高树干。因为榆叶梅不像碧桃那样需要强光，树形不必要开心形，主枝角度以其自然生长即可，不必刻意去开大主枝角度，这样才容易形成近自然圆头形树冠。小树分枝点处选留基部三主枝，如有强壮中干枝，可以向上选留第 4、第 5 主枝，形成二层多干树形。该树不易形成中干、大主枝、大侧枝，其主枝可分为一级主枝与二级主枝。第一年剪留的枝段为一级主枝，第二年延长生长的枝段为二级主枝。在短截三大主枝时，可视空间大小将一级主头再分增 1 个主枝头，即从二级枝段变为 4 ～ 5 个主枝。但三级枝段不必再多分枝头，如果基部三主枝角度较大，可以用内膛大型直立枝组来占用空间。榆叶梅修剪不必苛求树形，随树木自然生长，只要枝干舒展，树冠通透即可。但是各种树形，枝干主、次要分明，还应注意在各级枝干上培养花枝组，形成立体花枝。

2.榆叶梅枝条修剪要点

①榆叶梅萌发率、成枝率很高，冬剪时对二年生枝上生出的较多强壮花枝要用缩前、促后方法减去枝量，少用或不用疏剪，既可以减少枝条数量，也可达促使后部枝干上生出簇状花枝芽，同时还解决了内膛通风透光问题。②对中、长花枝冬剪可以适当放长，但花后（花落 80% ～ 90%）一定要及时回缩剪截，以免开花部位外移过快。③榆叶梅强旺树上出现的徒长枝和花枝下部常生有较为纤细的弱枝，这两种枝条花开不好，要及时疏除。④对老弱树木应避免生长季节修剪，以免削弱树势，同时遇有徒长旺条要留用培养。⑤榆叶梅砧木多为较大树形的山桃，其接口处容易滋生丛蘖枝芽要及早掰除。

榆叶梅较为合理的冬剪

榆叶梅应当压缩修剪，促使后部丛状花枝开花

榆叶梅只留主干，花枝没了

榆叶梅修剪过重

榆叶梅夏剪不可太晚，否则新发枝无法形成花芽

榆叶梅弃剪、甩放，将来树枝零乱，开花不稳定，开花部位外移快

榆叶梅夏剪去强密不可像冬剪那样枝枝重截，由于夏剪时间太晚且枝枝重截，生出的枝条没能形成花芽，只有冬剪枝段开花

常见病虫害

　　害虫有：禾谷缢管蚜、叶螨、刺蛾、美国白蛾、桃红颈天牛等。

　　病害有：流胶病，真菌、细菌穿孔病等。榆叶梅叶片易受药害。

三、连翘 *Forsythia suspense*

（一）形态

落叶花灌木，高 2 ～ 4 米。干丛生、直立，枝开展、斜生，为园林树木中少有的拱形下垂冠形。小枝光滑，黄褐或灰褐色，稍四棱，皮孔明显突起，髓部中空或仅节间有片髓。单叶，对生，具柄，全缘或有粗锯齿，偶成 3 裂或 3 小叶，卵形至椭圆形，叶色浓绿，光滑无毛，端尖，基宽楔形。花金黄色，先开花后展叶，花冠四裂向外开展。花期北京地区 4 月。朔果，狭卵形或长椭圆形，熟时爆裂，5 ～ 6 月成熟。还有连翘与金钟花的杂交种金钟连翘（*Forsythia* × *intermedia*）。

连翘在北京地区的庭院、绿地、公园中多有栽培。早春花开繁茂，金黄色，灿烂夺目，成为一道亮丽春光。

（二）生长习性

喜光，稍耐阴。耐寒，耐干旱、怕涝，耐瘠薄、不择土壤。抗病虫能力强。连翘生长健壮，强旺枝条年生长量可达 1 ～ 2 米，二年生枝条上开花。易生不定根，繁殖容易，有性、无性均可繁殖。栽培简单易成活。

（三）修剪

连翘树形多自地面丛生，自然生长的冠枝斜形、散生开展或拱形下垂，多年生长的自然冠枝多较零乱。修剪时只要疏除横生、交叉、细弱、密集枝条，把枝冠梳理顺畅即可。一般情况以疏剪为主，不做短截，因短截会生成横向枝条扰乱树形；对下垂摩擦地面枝可做轻度剪截，提离地面，不使其着地生根即可。对多年生枝干出现衰弱老枝干要及时从基部疏除，利用地面从根部生出新条更新树冠。对生长旺壮的多年生枝，其上有多个分枝的条可以回缩到下部壮条处更新冠形。

总之连翘修剪以疏除为主，回缩辅助，少用或不用短截。

连翘枝条直立、斜生的冠形

连翘自然树形枝条斜生、下垂，与榆叶梅配植

连翘多年树形，交叉扰乱枝较多，只要对枝条进行疏理即可

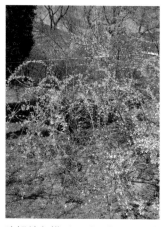

连翘枝条拱形下垂，花后可适度疏理，把垂地枝条适当抬起来，横向枝条疏除

自然冠形不错，需要疏理一下才好

该绿带不适宜栽植连翘，如果绿带不够宽，要使树形成平行于绿带的扁长形，枝条重短截会萌生徒长枝反而影响车行，而且花枝疏除就没花了

连翘不适宜圆头形，应以疏剪为主，该修剪来年枝条将横生，像是花篱墙的修剪方法

连翘只要短截就会生出多条横向乱枝

冬季连翘重截不仅春天花少，来年树冠将出现横向乱枝条

一年生花枝去光，没有观花的概念，该为胡乱修剪

常见病虫害

　　少有病虫发生。偶见过度干旱与水涝时叶蔫现象的生理病害。

四、木槿 *Hibiscus syriacus*

（一）形态

落叶观花灌木，稀有小乔，树高 3 ~ 6 米。树皮灰色，小枝褐、灰色，幼时有绒毛，后脱落。叶菱状圆形，常 3 裂，先端渐尖，基部楔形 3 主脉，叶缘有不规则粗大锯齿或缺刻，叶面深绿，光亮无毛，背面沿脉具稀疏星状毛。花冠钟形，单生在叶腋间具短柄，有白色、淡紫、淡红、紫等多种颜色，单瓣或重瓣，花萼 5 裂，花期 6 ~ 9 月。蒴果扁圆形或卵圆形，密生星状绒毛先端具短嘴，果期 9 ~ 11 月。为北京地区少有的长花期可在夏、秋开花的灌木。

（二）生长习性

木槿干性较弱，芽具早熟性，当年生新条形成花芽并开花。喜光，稍耐阴，喜温暖湿润气候，抗寒性略弱，北京地区 20 世纪上、中期需要防寒的树种。耐干燥贫瘠土壤，不适合在低洼积水处生长。适应性强，易成活，可以无性繁殖。抗烟尘，抗二氧化硫、氯气等有害气体能力较强。全株可入药，嫩叶可代茶，枝条有韧性可做编制物。

（三）修剪

木槿萌发力强，成枝率高，非常耐修剪。木槿为当年生枝条上开花，可以适度缩、截在枝条中下部的壮枝、壮芽处，使其能萌发出壮旺枝条，开出好花。修剪时间最好在早春，以免遇寒冬从剪口处哨条。

1. 整形修剪

可从地面上生成丛枝干。也可以留 20 ~ 30cm 独干然后再分生数个枝干。低龄小树不宜将独干提得太高，小乔木树形要经过数年后渐渐形成，不可急于求成。其枝条夹角小，但可任其自然生长，如枝干密集可间疏其数量，用修剪技巧开大角度，不必用支、拉等措施。树冠中心枝条剪留要高于旁侧枝，使树形呈"毛笔"状。由于稍耐阴、萌发力强、成枝率高、耐修剪，故还可以剪成花篱墙。

木槿矮干自然树形，枝干密集，冠下部花少

2. 成形后的修剪

每年可根据冠幅的大小及枝条的多少，对多年生枝适当缩剪到靠枝干下部的强旺枝条处，对一年生枝可以重修剪在枝条壮芽段的下部处。这样既可以减少萌发枝量，也可以减缓开花部位外移，起到抑前促后的作用。同时要疏除下部过多的细弱枝，缓放些健壮的中、短枝条。不必枝枝都过剪。

独干木槿树形，当年生枝开花，去细弱留粗壮条，适度重截抽生旺条才可有好花，该树形易接收光照

多干木槿修剪整形

丛干木槿幼龄树形

木槿下部枝梳光，枝头平齐，不太合理，应将边缘枝干适当缩压形成毛笔形状

常见病虫害

棉蚜、棉大卷叶螟、瓜绢野螟、桑白蚧、棉铃虫、美国白蛾等。

五、珍珠梅　*Sorbaria kirilowii*

（一）形态

丛生灌木，高 1 ~ 2 米。枝开展，小枝圆柱形，稍弯曲，无毛，幼时绿色，老时红褐色。冬芽卵形，先端急尖。奇数羽状复叶互生，小叶披针形至长圆状披针形，无柄、对生，边缘有尖锐重锯齿，先端渐尖，羽状脉，两面无毛或脉间有短柔毛。大型密集圆锥花序顶生，分枝直立，无毛；蕾如珍珠，花小白色。花期长，6 ~ 8 月。花、叶清丽，正值夏季少花季节，是园林中观花、观叶的优良树种。蓇葖果，果期 9 ~ 10 月。

（二）生长习性

喜光也耐阴，耐寒，耐旱，性强健，不择土壤。生长迅速，根部萌蘖多、枝条萌发力与成枝率均高。适应性强，易栽培。芽具早熟性，当年生枝条形成花穗，而且年内可多次开花。枝干寿命较短、易老化，但根部分蘖能力极强，弥补其不足。

（三）修剪

树形丛状。枝干选留多少可根据空间大小定量。较为耐修剪，冬季整形修剪要疏除细弱不成熟枝条，对多年生过密枝干用缩剪的方法，剪到壮枝条处，可减少枝量，促使下部枝条生长，同时延缓开花部位外移。对强旺一年生枝适当重短截到下部壮芽处；重截后春季会萌发较多的新条，要注意及时除掉多余枝芽。珍珠梅的枝干易衰老，要及时选留根部新生的健壮蘖条作更新枝，对多余的以及细弱根蘖及时剪除。这样可以使植株永葆健壮旺盛，开出好花。珍珠梅花期很长，生长季节要及时剪除残花与过多的分蘖（特别是东北珍珠梅），可以再促生出多次花序，使树木长期保持整洁、清丽、美观，并促使来年花芽充实饱满。

常见病虫害

多种刺蛾、蚜虫。

珍珠梅重剪旺条后萌发出当年好花条，疏除过多的新蘗较为合理

珍珠梅蕾如珍珠

珍珠梅冬剪适合缩老枝、疏除细弱枝、重截强旺条，来年抽壮花枝。该株下部疏除较多而上部缩剪较少

珍珠梅疏剪过重，基部"脱裤子"

六、金银木　*Lonicera maackii*

（一）形态

　　落叶丛生灌木，高达 5 米。小枝髓黑褐色，后变中空，幼时具微毛。叶对生，卵状椭圆形至卵状披针形，端渐尖，基宽楔形或圆形，全缘，两面疏生柔毛。花成对腋生，总花柄短于叶柄，包片线形，相邻两花的萼筒分离，花冠唇形，花初开为白色后变黄色，具芳香；雄蕊 5 与花柱均短于花冠，花期 4～5 月。浆果红色，合生，9 月成熟，较长期存留在枝条上。金银木全年生长季节观叶，初夏观花，秋后以及初冬观红色果实，并为留鸟提供食物，是园林绿化很好的树种。另有变种红花金银木 var. *erubescens*，花较大，淡红色，嫩叶也带红色。我国东北、华北、华东、华中以及西北东部、西南北部均有栽培。

（二）生长习性

　　树势强健，生长旺盛。耐寒，耐旱，喜光也耐阴，为北京较耐阴树种之一。喜湿润、肥沃及深厚的土壤。管理粗放，适应性强，病虫相对较少。

（三）修剪

　　金银木生长健壮，枝叶丰满，其树形以自然生长为好，不必人工过多干预，只要树冠完整、丰满即可。虽是丛生灌木但也可以培养成小乔木。非常耐修剪，重剪与极重度修剪均可得到粗壮的更新枝条，老、弱树更新非常容易。但是在正常生长情况下冬季要少作或不作短截，以轻度疏剪为主，理顺、通透树冠即可；不要做重度短截修剪，因为金银木虽然花开在当年枝上，但花芽形成是在前一年，重度修剪当年自然没有花开；而由于金银木生长强健，重度剪截极容易生成旺条与徒长枝，强旺徒长枝条当年不能形成花芽，来年也就见不到花果出现，这样连续两年影响花、果观赏效果。

　　修剪时间：金银木的果实可以给留鸟提供食物，同时初冬瑞雪映照串串红果更有一番景象，所以要在果实脱落后再行修剪。

金银木果

金银木夏季观花叶

秋季果叶可观赏

供人观果，给鸟留食物

常见病虫害

常见病虫害主要有胡萝卜微管蚜、美国白蛾、金龟子等。

金银木年年重截将是年年无花果可观赏

金银木枝干剪光光，枝端成"刷子"

金银木修剪过重，该修剪只顾树形忘记需要观赏花果

金银木重度修剪必生出徒长枝，年年这样剪永远无花果

七、海棠类　*Malus spectabilis*

（一）形态

　　为落叶小乔木，大多有一段树干，稀有从地面即为丛干者。树高 3～8 米，幼年枝干直立，夹角较小，自然树形多成毛笔状或尖塔形，随着树龄生长，开花结果增多，树形逐渐松散展开甚至有下垂的枝条。小枝绿色、红褐色或紫褐、暗褐色，嫩枝有绒毛，老枝条光滑。叶椭圆形或卵形，先端尖，基部广楔形至圆形，边缘有锯齿。花芽为混合芽，花序近伞形或总状伞形，先展叶后开花，也可以说叶与花同时展开，花蕾红色，多单瓣，少有重瓣，中心花先开，即有限花序，花粉色或白色。果柄较长，果色黄、红、白等，味苦涩。海棠多为种子繁殖，嫁接等亦均可。

　　目前北京地区园林栽培的海棠，有从外国引进的大约数十个品种。树冠有较高大和矮小的，树形有具中心干的，有从分支点处成丛生主干的，枝干有直立紧凑的，有疏散开张的，还有垂枝的。枝条有红色的、黄色的、褐色的。叶色有深红、洋红色，浓绿、翠绿色、金黄色。花有单瓣、重瓣，花色更有深红、浅红、玫瑰红、深粉、浅粉以及白色等，五彩缤纷。果实有红色、白色、黄色。果实上的花萼有宿存的，有脱落的；成熟的果实有脱落的，还有宿存在树上越冬的，可谓多种多样。

　　海棠树春天繁花似锦，非常美丽，为园林绿地中春季观花，夏、秋季观彩叶、观果实的不可多得的树种。在北京不仅是园林绿地主栽观赏树木，在机关单位、私家庭院也多有种植。

（二）生长习性

　　海棠虽有众多品种但生长习性相近，喜阳光充足、肥沃深厚、排水良好的土壤。耐寒、抗旱、忌水涝。幼树生长旺盛，有较强的干性与顶端优势，寿命较长。枝条可分生长发育枝与开花结果枝，按枝的生长状况可分为长、中、短以及徒长枝和叶丛枝。大多枝条年内为一次生长，停止生长早的枝条容易形成花芽与中、短花枝；停止生长晚的旺枝，常出现二次生长，形成春梢、秋梢，春秋梢间常形成盲节。常见花枝，也多分短花枝、中花枝、长花枝，它们分别为 5 厘米以下、5～15 厘米、15 厘米以上，特殊情况会出现徒长花枝。海棠以顶芽开花为主，随品种与生长势的不同也有腋花芽者。海棠花芽多于当年生枝条在 5～8 月间形成，在二年生枝条上萌生当年新枝芽，并开花、结果。开过花的果台枝当年仍可以形成花芽，花枝有连年开花的能力。

海棠常年不修剪的自然树形

海棠弃管树的花枝

（三）修剪

海棠因潜伏芽寿命长，故老年树龄容易更新复壮。枝条的萌发率与成枝率均较高，是较为耐修剪的树种。

北京地区单位、庭院种植海棠多不行使修剪，这样的树幼龄时期生长较快，树冠成形、开花较早；老年枝干松散，花、果枝下垂，树冠紊乱，开花部位外移快，寿命相对短些。建议：对这样的树每隔 1 ~ 2 年还是应该修剪一次。主要是疏去交叉、重叠、平行等扰乱树冠的枝条，以及影响通风透光的密集枝与细弱不能形成花芽的多余枝。对要留用的多年生枝条与主干枝，可根据树势适当回缩，注意回缩剪、锯口直径要小于或等于留用枝、干的粗度；对连续数年缓放的花、果枝条，也要轻度回缩到枝条中、后部有花芽或饱满叶芽处。这样可以延年开花，树木复壮。

园林绿化专业管理区域的海棠多是年年修剪的：

1. 首先是骨干枝排列

干高在 1 米左右为好，分枝点不要太高。有中干的树采用基部三主枝、疏散分层形较为合适，第一、第二层间距 40 ~ 60 厘米，第二层留两个主枝。第三、第四层各留一个主枝，该层主枝也可形成大型枝组，其间距 30 ~ 40 厘米即可，一般主枝不要超过 6 ~ 7 个。海棠枝干夹角较小，冠枝多紧抱树冠，冠幅不像大型树木那样开展宽阔，一般情况主枝上不必或是尽量少形成大型侧枝，可以根据空间的大小，选留培养大、小不同的枝组形成树冠，下部枝组适当大些，上部枝组要小些，各组枝头要矮、短于其主枝头的长度。视空间环境也可在第一层主枝上培养 1 ~ 2 个小型侧枝。对于那些树冠特别矮小的，干性弱、开张角度大，中干很弱或没有中干的海棠，其主枝数量视中干生长势而定；也可从分枝点处选留三个主枝，来年在基部三主枝头上一分为二增加分枝数量。以后逐年视枝干角度与空间的大小，在主枝上剪留、培养大小不同的枝组。

老龄树木与枝干平展或下垂的品种，可利用枝干背上较大的直立枝组，来占用冠内空间，也可用以更新替代原主枝。

2. 主枝的形成过程

定干后，在分支点处选留强壮发育枝条作为中干，再在其下部选留三个生长健壮，方位、角度合适的枝条做基部三大主枝，最好是邻近三大主枝（多需要两年完成）。然后在中干以及三大主枝上饱满芽段的上端短截。中干枝头要高于各主枝头，基部三主枝生长势要均衡剪截。树冠上部主头要高于下部主头，使之高低错落，树冠形成毛笔状或塔形、长椭圆形、长卵圆形等，这样树形容易接收光照。修剪主枝时要留意剪口下第一、第二芽的方位，中心干上还要留意第三芽的方向，因为这些芽来年将成为主枝或是枝组头。剪口下第一芽将生成为领导枝，第二芽成为竞争枝，其夹角小，第三芽为"跟枝"，其夹角较开张，常用来培养成主枝。这样年年保持主枝健壮生长，年复一年地延伸树冠骨架即可形成。全树主枝以 5 ~ 6 个为好。

树冠形成后还要注意三大主枝与树冠上、下生长势的平衡修剪。整形期间还要注意幼龄时期骨干枝不要留放过长，以免后部光杆秃干。

工作实践中常有在分枝点处选留丛状多主枝的。建议：基部主枝不要太多，其主枝要在树冠上下高低错落分布，不要丛生在分枝点处。切忌把各主枝的剪口落在同一水平面上、多个主枝头一样高低，导致树冠成为杯状形，该树形不利空间及光照的利用。

3. 花枝组的形成

海棠树冠要少培养侧枝，多用枝组构成树冠，其大小与部位视空间而定。一般直立品种多在主枝的外侧，开张与垂枝品种在主枝的侧上方培养。海棠的成枝率高，枝组容易培养。

（1）大型枝组——多在树体空间较大时，于中、长发育枝上培养大型枝组。第一年轻、中度短截，来年视情况，可以将壮旺的中、长枝条，短截 1 ~ 2 个枝头继续扩大组型，其余缓放形成开花枝条；如果空间不允许再扩大组型，也可以缩剪枝组上部的旺枝，短剪后部壮枝，缓放中、短枝与斜生枝。

（2）培养中、小枝组——对中庸发育枝多用先缓放，来年回缩形成。但是对直立强旺枝要重压在下部瘦小、瘪芽处，当年不可甩放，来年视情况做缩、截、留、缓的选择。总之培养枝组的方法很多，要视情况而定（参照前面枝组的培养图解）。

4. 几种修剪方法在海棠树上的应用

（1）短截修剪的应用——中度短截，主要目的是增加枝条数量以及为扩大树冠时应用在各级领导枝头上。由于海棠萌发率、成枝率高，特别是幼龄树木生长旺盛，一般不要过多用中、重短截，只是在需要利用的强旺、徒长枝上做重截。一般多数枝条要轻度短截为好。

（2）疏枝修剪的应用——疏枝在幼龄树上针对直立过旺枝及徒长枝；在中老年树上针对密集、纤细、衰弱、扰乱树形和影响光照的枝条使用。

（3）缓放修剪的应用——缓放或破除顶芽多用在幼龄树与生长旺盛树上的中庸枝、斜生枝、下垂枝，目的是使枝条的生长量放缓慢，使强枝条变为中庸或弱势生长，使之由叶芽变为花芽，工作实践中缓放枝要多于短截枝。但对直立强旺枝、徒长枝不可缓放。

（4）回缩修剪的应用——回缩修剪在中、老树龄海棠上应用较广，多用在枝条出现衰弱以及连年开花需要复壮的枝条上。但要注意"火候"不要过急。

（5）伤枝修剪——支、拉、扭、刻等措施在海棠上一般不必应用为好。枝干夹角小是海棠树形的特性，不必强行改变。如果冠枝过密即可适当疏减枝干数量，或把枝组留在枝干外侧，让树形成近自然树形。另外希望主枝角度开张，可用外向枝、芽或用第三"跟枝"以及"里芽外蹬"多种修剪措施，还可以利用多年生外向枝换头的方法来开大枝角。

注意事项：

（1）海棠幼树整形要有长远规划，避免主干过多，树长大后需要锯除大枝干，造成伤疤削弱树势，且极易得腐烂病危及海棠生命。

（2）如想要使海棠树树上、树下立体开花，就应当在分枝点以上各级枝干上，长期保留枝条、枝组，不要把树冠下部的枝条疏除太多，否则不仅花只开在树冠顶层、外围，而且会使树势衰弱。

海棠丛干自然树形，枝条密了些

海棠冠形与修剪

海棠果台易形成花芽，但连续出现三年以上就应当适度回缩，防止花果部位外移与枝条衰亡

海棠果台枝有连年开花结果的能力

盲芽

海棠利用根蘖及时更新

海棠幼龄树整形时树干抹掉，主枝丛生长放弃管理，树长大后下部短枝芽不能长久，容易形成下部光干无枝

海棠只截不疏，剪口落在同一水平面，枝过密不利光合作用且易生病虫

海棠小树整形时枝条甩放过长，下部光干，无枝无花，同时树冠过高也给管理带来不便

海棠旺龄小树把一年生小枝全疏除，只留骨干粗枝，来年将出旺枝且花期推迟，小树应多留小枝，生长快、开花早

海棠留橛招来腐烂病，使树势受伤，最后病亡

三主枝邻节"掐脖"（借用核桃说明邻节的缺点）

海棠小枝疏除太多，花不会开在粗干上

常见病虫害

　　蚜虫、叶螨、细蛾及多种卷叶蛾、刺蛾、夜蛾、舟蛾、灯蛾、叶蝉等；蛀干害虫有多种天牛、吉丁虫。病害主要为腐烂病、粗皮病与早期落叶病、穿孔病等。

八、紫薇（痒痒树、百日红）*Lagerstroemia indica*

（一）形态

北京地区多为落叶灌木，少有小乔，高可达 7 ~ 8 米。冠形多样。枝干多扭曲，树皮淡褐色，薄片状脱落后树干光滑洁净。幼龄小枝四棱，无毛，常具狭翅。冬芽尖，具 2 芽鳞。单叶对生或近对生，椭圆形至倒卵状椭圆形，先端尖或钝，基部广楔形或圆形，全缘无毛或背面叶脉间有毛，近无柄或具短柄，顶生大型圆锥花序，花朵繁密，花瓣常 6，波状皱缩，花色艳丽，红、紫、白、粉等多种颜色；花期始于 6 ~ 7 月，可持续至 8 ~ 9 月，长达 60 ~ 100 天。蒴果球形、宿存，10 ~ 11 月成熟。园林树木中较少有的夏、秋间长时期开花的树种，而且花色多、艳，是人们喜爱的树木。

（二）生长习性

喜光，稍耐阴。喜温暖及湿润气候，耐寒性不强，近年来北方气候逐年变暖，遍地栽植，北京地区露地过冬最好有良好的小环境，新植树木最好做防寒措施较为安全，免遇寒冬枝干受伤。耐干旱，怕水涝，对土壤要求不严，喜湿润肥沃，排水良好的土壤。抗空气污染，对二氧化硫以及氯气有较强的抗性。寿命长，生长较缓慢。

（三）修剪

紫薇萌蘖力强，为耐修剪树种。芽具早熟性，当年新生枝条开花。其树形可以是丛生灌木，也可以形成为小乔木。各种树形上的留用枝条冬剪时都应以适度中、重修剪为主，即在生长健壮枝条饱满芽段的中、下部剪截会萌生出较强壮的花枝。另外对细弱小枝与密集扰乱树形的枝条，应从基部彻底疏除，不要留下残茬树橛。

1. 丛冠树形

丛生枝干数量以环境、树势决定，冠形可以成为圆形、椭圆形、半圆形、扁圆形等多种形态。休眠期每年要轻、中短截骨干枝以扩大树冠，丛冠中心枝干要高于周边枝条，边缘枝压低些，剪口要高低错落，不可落在同一水平面上，要使冠丛成为立体开花，同时中截健壮枝可生成好花条。冠内出现徒长枝时,有空间要对其进行控制与利用,密集时从基部疏除。生长季节要及时疏除细弱、枯萎、病虫、残花枝条。

2. 小乔树形

幼树时要选留健壮枝一条或数条逐年培养干高,随树木生长,干上的小枝可轻度摘心,既可保留来辅养主干又可使之提前生成花枝,但要控制不让其超越或影响主干生长,直到树干达到理想的高度、粗度时再将树干上多余小枝逐步疏除,不可急于提高分枝点,把主干中、下部的枝全部疏除掉,成为高高的光干,顶端生成数根小小的冠枝;最好形成矮干高冠比较好。小乔树冠生成后,也要用疏细、弱,缩强旺,中截壮枝条,成为高、低错落、上下、内外立体开花树。

紫薇虽然耐修剪,但不要连年只留枝条基部的瘪芽,行使重重短截。否则其萌发出的新枝条将会逐年变得细弱,数年后树势衰弱且不易复壮。该种错误修剪在目前园林中经常出现。

紫薇修剪时间最好在早春萌动前,避免哨条。

从生紫薇冠上、冠下都有花

紫薇冬剪后冠枝分布较为合理,剪口下丛生新枝,应适当间疏

紫薇丛冠树形花枝丰满

紫薇合理的树形，花枝分布全树，不在乎干多而要花枝多

紫薇树将来也可以形成小乔木，冠形可随意，只要立体开花即可称好

丛状主干，冠顶剪口在同一平面上，枝条过密，下部成光干

紫薇连续数年极重剪、重缩，老干与新条粗细比失调，树势越来越减弱

紫薇修剪以疏为主，只轻剪尖端，这种修剪树会生长较快，该树种以当年枝开花，适当缩剪与中截才会生出状条，旺枝才可开好花

紫薇重截。该树连续四年齐头重截，枝条成几何倍数增加，这样众多剪口都落在同一水平面上，现在蚜虫已满枝头，将来煤污病与蚜虫也要成倍增长

紫薇高干不留枝条

北京地区常见病虫害

紫薇长斑蚜、石榴囊毡蚧、刺蛾与煤污病、白粉病等。

九、丁香　*Syringa oblata*

（一）形态

多品种树，我国有 20 余种，树形有灌丛形，也有独干小乔木，高可达 4 ~ 8 米。枝缺顶芽，假二叉分枝，枝条下段着生为叶芽。单叶，对生，卵圆形至肾脏形，基部心形，多全缘；少有羽状复叶，稀羽状深裂。先展叶后开花，花芽着生在当年生枝与一年生枝的上段，大型圆锥花序，花两性，多色，红、白、蓝、紫等，花冠高脚漏斗状上部具深、浅 4 裂，雄蕊 2，具芳香；萼小、钟形，4 裂，宿存。花期 4 ~ 5 月、5 ~ 6 月，个别品种在 7 ~ 8 月开花，还有春、秋两季开花的。蒴果长圆，成熟时沿背部 2 裂，种子有翅。北京庭院种植悠久，公园、绿地、机关、工矿、学校、居民小区广为种植，深受广大群众喜爱。

（二）生长习性

多为喜光或稍有耐阴或半耐阴，在冷凉、湿润环境下生长良好。耐寒、耐旱，喜湿润、肥沃、排水良好的土壤。忌高温、潮湿。

（三）修剪

丁香是非常耐修剪的树种，老树更新极为容易，不论重缩或是抹干都会萌发生长形成新树冠。但丁香从种植到养护期间，从幼龄到老年树，养护都要以轻疏与轻缩为好，不适宜短截，否则冠内会出现横向枝条，容易使冠膛紊乱，当年生枝与一年生枝短截后，将会失去观花效果。

1. 树形

以自然生长树形较好，低矮品种以丛冠树形较好，大型丁香可成小乔树。丛冠树形主要枝干数量视环境与种植方式决定，在主干上选留中、小枝组来丰满树冠，不必培养大枝组与侧枝。对丛冠外围枝条适当压缩低些使之在冠下层生长，既不影响光照，又可形成立体开花。

2. 养护期间修剪

主要剪除树堂内枯枝、交叉枝、重叠枝、横向枝、细弱枝等扰乱内膛的枝条。对树冠外围过多的嫩梢、密集的强旺枝、过密的对生枝适当稀疏，把树冠理顺通透，以使内膛枝条不衰。还要及时剪去残花余蘖，有利于花芽的形成及树冠的洁净，增强观瞻效果。

3. 老年树龄

出现树势衰弱时，要对枝干及时轻度回缩，以求冠膛内枝叶丰满，不要形成后部光秃。对衰老枝干也可采用轮流更新换枝，但要保持冠形完整，不可形成偏冠，尽量不要整株抹干，以免影响观瞻。

北京丁香自然树形

暴马丁香花

丁香独干自然生长树形

丁香冠丛密植做花墙。冬剪应逐年及时适当压缩枝干，否则多年后下部易空

丁香当年生枝与一年生枝不可短截，否则无花

常见病虫害

　　霜天蛾、丁香饰棍蓟马、美国白蛾、刺蛾、小线角木蠹蛾、芳香木蠹蛾以及白纹羽病、丁香花疫病、黄斑病毒等。

十、红瑞木　*Cornus alba*

（一）形态

落叶灌木，高可达 3 米。茎干直立，丛生，嫩枝橙黄色具蜡粉，后变红紫色，1 ~ 3 年生枝条入秋后呈血红色，有时暗紫红。单叶，对生，卵状或椭圆形，叶端尖，叶基圆或广楔形，全缘，狐曲侧脉 4 ~ 6 对，叶表面暗绿色，叶背面灰粉绿色，两面贴生稀疏柔毛，秋季叶色变红或黄色。顶生伞房状聚伞花序，花小，花瓣舌状 4 枚，乳白色，花期 5 ~ 6 月。核果斜卵圆形，果期 6 ~ 7 月，成熟 8 ~ 9 月，呈白色或带紫蓝色，花柱宿存。

红瑞木枝、叶、花、果均具观赏性，夏季绿叶漂亮，秋季具白色果实与鲜红的叶片，冬季有血红色的枝条，如与棣棠、梧桐等绿枝树种配植，或遇到冬季白雪与其红枝色彩相映成趣，更为显著。为少有的观赏枝干的灌木树种。变种的叶有银边、黄边，近年也引进欧洲黄色枝干品种等。

（二）生长习性

红瑞木性喜光，也可耐半阴，极耐寒，耐潮湿，喜湿润肥沃的土壤，适植在弱酸性或石灰冲积土中。根系发达，生长健壮，易生长在河、堤、湖畔，有护岸固土效果。种子还可榨油。

（三）修剪

红瑞木是一很耐修剪的树种，枝条基部重剪、枝干基部抹掉，均可以萌发生成强壮枝条，容易更新复壮。但是在养护期间，秋季落叶后要以轻度疏剪为主，以保持枝条繁茂和良好的树形，不仅有利于来年开花结实，同时留做冬季枝干观赏。一般养护期间的修剪，不要使用短截，更不要年年大抹头，只要疏去密集枝，保持树体通风透光即可。对枝条的短截会产生大量横向枝条，使树冠紊乱；大抹头会大大伤害树木的生长，而且影响观赏功能。但红瑞木 3 ~ 4 年生以上的枝干颜色不再鲜艳，修剪工作中对此类枝要及时从基部间伐更新，使枝干永葆鲜艳，不可同时将枝干全部抹掉。

红瑞木修剪时间，最好在冬末、早春，可以延长观赏时间。

掌握以上三点，即：对枝条轻疏剪、不短截或少短截；间伐老枝干，不做全棵抹干；修剪时间在萌动前期，就可以使红瑞木生长健壮，更具观赏价值。

在此提出：凡以观赏枝干为主的树木，冬季修剪时间不要过早，更不要实行大抹头的修剪方法，以保证冬季的观赏效果。如金枝槐、棣棠、中国梧桐等。

常见病虫害

美国白蛾、黑干烂皮病等。

自然丛生红瑞木的冬态树形

红瑞木一、二年生枝应轻疏为主，短截将使新条相互交叉，老龄枝干可从基部更新

丛生红瑞木失去观瞻的枝干与地面细弱枝，应从基部疏删更换新条

红瑞木短截生出横向枝条，乱冠

红瑞木不合理的重截

红瑞木冬剪大抹干失去观瞻，影响树势且冠枝易紊乱

十一、紫荆　*Cercis chinensis*

（一）形态

落叶小乔或丛生灌木，高可达 15 米，京城园林栽培多以灌木状态。单叶，互生，近圆形，表面光泽无毛，背面有短毛或白粉，叶端急尖，基部心形，全缘，掌状脉。纯花芽，着生在一年生枝条与多年生的枝、干上，早春 4、5 月先开花后展叶，或是花盛开时叶始萌发。多朵花簇生或排列为总状花序，花蝶形、花瓣不相等，花紫红色，满树紫花可爱、动人。荚果扁，10 月成熟。

（二）习性

喜光，不太耐寒，近年来北京露地可以越冬，但最好栽培在背风向阳处。根部萌生力强，喜肥沃、排水良好土壤，不耐水淹。

（三）修剪

其树形可成小乔木，也可成丛生灌木。根蘖萌生力较强，对老弱枝干，可从地面抹干更新；对生长强壮有分枝的枝干也可以缩前促后恢复树势。

紫荆叶芽多生在一年生枝条的上部、顶端，其中、下部与多年生枝干上多为花芽，极少有叶芽，有时生长较弱时枝干上偶现叶芽。所以休眠期修剪在一年生枝条上不宜中、重短截，以免花后因没有叶芽、生不出枝条而成死枝；为保持树冠通风透光，以疏剪为主，枝梢要轻截或不截。秋季可以适当摘去嫩尖，以充实下部枝、芽。

修剪时间最好选在冬末、初春，树木萌动前，以防哨条，同时方便识别花芽与叶芽。

常见病虫害

豆天蛾、多种刺蛾、美国白蛾。幼时立枯病，成树枯萎病。

紫荆叶芽多在枝条的顶端，冬剪最好不短截

紫荆叶芽大多生在枝条的上端，下部全为花芽，修剪时必须留有叶芽

紫荆一年生枝条中、下部多为花芽，没有叶芽

紫荆冬季重剪容易把叶芽剪掉，且剪口在一水平面上

冬季修剪将紫荆叶芽全剪掉，花后只有种子，极少或没有叶片

该图片为前两张图片冬剪的结果，冬季短截过重将枝上段的叶芽剪没了，春天开花结籽后，植株因无叶片而死亡

参考文献

[1] 陈有民.园林树木学[M].北京：中国林业出版社，1990.

[2] 贺士元，刑其华，尹祖棠，等.北京植物志（上、下册）[M].北京：北京出版社，1984.

[3] 王跃进，杨晓盆.北方果树整形修剪与异常树改造[M].北京：中国农业出版社，2002.

[4] 华北树木志编写组.华北树木志[M].北京：中国林业出版社，1984.

[5] 张涛.园林树木栽培与修剪[M].北京：中国农业出版社，2003.

[6] 郭学望，包满珠.园林树木栽植养护学[M].第2版.北京：中国林业出版社，2004.

[7] 中国农业科学院，郑州果树、柑橘研究所.中国果树栽培学[M].北京：中国农业出版社，1988.

[8] 胡长龙.观赏花木整形修剪图说[M].上海：上海科学技术出版社，1997.

[9] 莱威斯·黑尔.花卉及观赏树木简明修剪法[M].赵君兆，黄世祖，黄玲燕，编译.石家庄：河北科学技术出版社，1987.

[10] A. BernatzKy.树木生态与养护[M].陈自新，许慈安，译.北京：中国建筑工业出版社，1987.

[11] 李庆卫.园林树木整形修剪学[M].北京：中国林业出版社，2011.

[12] 杨静慧.植物学[M].北京：中国农业大学出版社，2014.

[13] 李友，等.树木整形修剪技术图解[M].北京：化学工业出版社，2018.